煤化工工艺与煤炭性能检测研究

钱春苹　黄金波　王　飞　◎　著

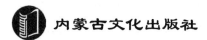

内蒙古文化出版社

图书在版编目（CIP）数据

煤化工工艺与煤炭性能检测研究 / 钱春苹，黄金波，王飞著. -- 呼伦贝尔：内蒙古文化出版社，2024.6
ISBN 978-7-5521-2521-4

Ⅰ．TQ53

中国国家版本馆CIP数据核字第2024U0G075号

煤化工工艺与煤炭性能检测研究

钱春苹　黄金波　王　飞　著

责任编辑	黑　虎
装帧设计	万瑞铭图

出版发行　内蒙古文化出版社

地　　址　呼伦贝尔市海拉尔区河东新春街 4 付 3 号

直销热线　0470-8241422　　　邮编　021008

印刷装订　天津旭丰源印刷有限公司

开　　本　787mm×1092mm　1/16

印　　张　13.25

字　　数　209千

版　　次　2024 年 10 月第 1 版

印　　次　2024 年 10 月第 1 次印刷

标准书号　978-7-5521-2521-4

定　　价　78.00 元

前言

煤化工生产属于化工生产过程，工艺流程长，所用设备多，使用大量化学品，产生大量有毒物质，生产操作繁琐，技术要求高，生产中存在很多不安全因素。若设计不当、安装不好、操作失误、设备维修不到位，加上安全责任不落实、管理不善、培训不及时、职工素质低等因素的协同作用，极易出现燃烧、爆炸、中毒、机械伤害、职业伤害等事故，造成重大损失，影响生产的正常进行，危害职工身体健康。同时，环境问题也是制约煤化工行业健康发展的关键，在煤化工生产中产生大量的有毒气体、粉尘、含酚氰废水、固体废物、噪声和废热等，如果控制不当，处理不达标，管理不严，就会造成严重的环境污染，危害职工身体健康，危及生态环境安全。本书在煤化工生产各工序存在的安全隐患和环境问题的基础上，在安全方面，提出了安全工艺设计、技术装备配置、生产管理和正确操作的措施，以保证生产安全；在环保方面，提出了清洁生产、污染治理和强化管理的环保措施，以保护生态环境不受破坏，促进煤化工行业的健康持续发展。

我国煤炭资源丰富，煤种齐全，新型煤化工作为未来中国能源技术发展的战略方向，紧密依托于煤炭资源的开发，并与其他能源、化工技术相结合，形成煤炭—能源—化工一体化的新兴产业。本书全面论述了煤化工工艺与煤炭性能检测，内容包括煤的化学组成、煤基炭素材料、煤炭加工工艺性质检测、煤炭焦化技术与工艺、煤炭气化技术与工艺、煤炭直接液化技术与工艺、煤化工的安全生产及环境保护，以科学发展煤化工为指导思想，客观评述了煤化工产业，对煤化工的发展有深入冷静的思考。本书可作为煤化工企业职工培训及生产技术人员学习参考用书。

目录

第一章 煤的化学组成

第一节 煤中的水分及工业分析

一、煤中的水分及煤样

（一）煤中水分的概念和存在状态

水分是煤的重要组成部分，是煤炭质量的一个重要指标。煤中的水分可分为游离水和化合水。游离水是指与煤呈物理态结合的水，它吸附在煤的外表面和内部孔隙中。因此，煤的颗粒越细、内部孔隙越发达，煤吸附的水分就越高。煤中的游离水分可分为两类，即在常温的大气中易失去的水分和不易失去的水分。前者吸附在煤粒的外表面和较大的孔隙中，称为外在水分，用 M_f 表示；后者则存在于较小的孔隙中，称为内在水分，用 Minh 表示。煤的内在水分和外在水分的质量之和就是煤的全水分，它代表了刚开采出来或用户刚收到或即将投入使用状态下煤中的全部水分（游离水分）。通俗地说，外在水分就是煤长时间暴露在空气中所失去的水分，而这时仍然残留在煤中的水分就是内在水分，有时也称为风干煤样水分。

严格地说，外在水分、内在水分、全水分等指的是水分占煤样质量的百分数。按照一定的采样程序从商品煤堆、商品煤运输工具或用户煤场等处所采集的煤样，称为应用煤样；将应用煤样送到化验室后称为收到煤样，它含有的水分占收到煤样质量的百分数称为煤的全水分或收到基全水分，用 M_t 或 M_{ar} 表示。应用煤样在空气中放置一段时间，使煤中水分在大气中不断蒸发，当煤中水的蒸气压与大气中水蒸气分压达到平衡时，其所失去的水分占收到煤样质量的百分数就是收到基外在水分，用 $M_{f, ar}$ 项表示。

　　煤失去外在水分后所处的状态称为风干状态或空气干燥状态，失去外在水分的煤样称为风干煤样或空气干燥煤样。残留在风干煤样中的全部游离水分质量占风干煤样质量的百分数称为空气干燥基内在水分，用 $M_{inh,ad}$ 表示。通常，大多数煤质分析化验采用的煤样均是粒度小于 0.2 mm 的空气干燥煤样（称为一般分析试验煤样或分析煤样），空气干燥煤样的水分也可称为空气干燥基水分，国标称为"一般分析试验煤样水分"，用 M_{ad} 表示。理论上，M_{ad} 的大小与 $M_{inh,ad}$ 相同。为了应用方便，将收到基外在水分和空气干燥基内在水分简称为外在水分和内在水分，符号也简化为 M_f 和 M_{inh}。

　　外在水分和内在水分构成了煤的全水分（即收到基全水分），它们的关系可用下式表示：

$$M_{ar} = \frac{100 - M_f}{100} \cdot M_{inh} + M_f \quad （1-1）$$

　　煤的化合水包括结晶水和热解水。结晶水是指煤中的矿物质所具有的呈化合态的水，如石膏（$CaSO_4 \cdot 2H_2O$）、高岭石（$2Al_2O_3 \cdot 4SiO_2 \cdot 4H_2O$）中的结晶水。煤中结晶水含量不大可以忽略。热解水是煤炭在高温热解条件下，煤有机质中的氧和氢结合生成的水，它取决于热解的条件和煤中的氧含量。煤的化合水一般不进行分析测定，如果不进行特殊说明，煤中的水分均是指煤中游离态的吸附水。这种水在稍高于 100 ℃ 的条件下即可从煤中完全析出，而结晶水和热解水析出的温度要高得多。如 $CaSO_4 \cdot 2H_2O$ 在 163 ℃ 时才析出结晶水，而 $2Al_2O_3 \cdot 4SiO_2 \cdot 4H_2O$ 则要在 560 ℃ 时才析出结晶水，煤分子中的氢和氧化合为水也要在 300 ℃ 以上才能进行。因此，煤中水分的测定温度一般在 105 ~ 110 ℃，在此温度下不会发生化合水的析出。

　　煤的内在水分受空气湿度影响很大，为此可采用煤的最高内在水分表示煤中水分的含量。煤的最高内在水分是指煤样在 30 ℃、相对湿度达到 96% 的条件下吸附水分达到饱和时测得的水分，用符号 MHC 表示。这一指标反映了年轻煤的煤化程度，主要用于煤质研究和煤的分类。由于空气干燥基水分的平衡湿度一般低于 96%，因此，最高内在水分高于空气干燥基水分。

（二）测定煤中水分的基本原理

煤的空气干燥基水分、外在水分、内在水分、最高内在水分和收到基全水分的测定方法、步骤有所不同，但测定的原理相同：首先把煤中的水分驱赶出来，通常采用加热的方法，如电加热、微波加热等；然后对驱赶出来的水分进行计量，可以采用体积法、质量法、电解法等计量水分的量。据此，形成多种煤中水分的测定方法，如干燥失重法、共沸蒸馏法、微波干燥法等。

1. 干燥失重法

由于煤中水分是以物理态吸附在煤的表面或孔隙中，只要将煤加热到高于 100℃，即可使煤中的水分析出。干燥失重法通常是将煤加热到 105～110℃并保持恒温，直至煤样达到恒重时，煤样的失重即认为是煤样水分的质量。计算煤样干燥后失去的质量占煤样干燥前质量的百分数即为测定的水分含量。由于干燥失重法测定过程简单、仪器设备容易解决、测定结果可靠，因此是实验室中最常用的方法。GB/T 212-2008 规定了两种测定煤的空气干燥基水分的方法，即通氮干燥法（A 法）和空气干燥法（B 法）。A 法是在氮气流中干燥，可以防止煤样氧化，适用于所有煤种并为仲裁法；B 法是在空气流中干燥，只适用于不易氧化的烟煤和无烟煤。煤的内在水分、外在水分和全水分的测定，由 GB/T 211—2007 进行规范，煤的最高内在水分由 GB/T 4632—2008 进行规范。

2. 共沸蒸馏法

将煤样悬浮在一种与水不互溶的有机溶剂（通常用甲苯或二甲苯）中，放入水浴加热，煤中的水分受热后形成水蒸气，与有机溶剂蒸气一起进入冷凝冷却器，冷凝液进入有刻度的接收管。由于水与溶剂不互溶，且水的密度大，水沉于底部，可通过刻度读取水的体积，从而得到水分的量。该方法特别适用于高水分的年轻煤，但所用溶剂有毒，操作较繁琐，易受其他因素的影响从而导致测定精度较差，因此，在国际标准和因素标准中已将此方法淘汰。

3. 微波干燥法

将煤样置于微波测水仪内，在微波作用下，煤中的水分高速振动，产生摩擦热，使水分蒸发析出，根据煤样的失重计算水分的含量。微波干燥法对煤样能够均匀加热，水分可以迅速蒸发，因而测定快速、周期短，能防止煤样因加热时间过长而氧化。但因为无烟煤和焦炭的导电性强，所以不适合用该法测定水分。工业分析国家标准没有将《煤的水分测定方法微波干燥法》列入，因为研究发现，微波干燥法虽能得到与通氮法基本一致的结果，但存在一定的系统误差，理论上，微波加热过程中样品可能有轻微的分解，因而决定不将微波干燥法列入该项标准。《煤的水分测定方法微波干燥法》作为独立的标准，供要求快速测定水分时使用。

在实验室中最常用的方法是烘箱加热的干燥失重法。煤中各种水分测定的具体方法请参照相应的国家标准。

二、煤的工业分析组成

煤的工业分析组成是指用"煤的工业分析"方法划定的煤的组成。工业分析是确定煤化学组成最基本的方法，它是在规定条件下，将煤的组成划分为水分、灰分、挥发分和固定碳四种组分。工业分析是一种条件试验，除了水分以外，灰分、挥发分和固定碳是煤在测定条件下的转化产物，不是煤中的固有组分，其测定结果依测定条件变化而变化。为了使测定结果具有可比性，工业分析的测定方法均有严格的标准。工业分析虽然简单，但分析结果对于研究煤炭性质、确定煤炭的合理用途以及煤炭贸易，具有重要的作用。

需要指出的是，与使用含有全水分的收到煤样测定全水分和外在水分不同，测定煤的工业分析组成时，使用的是仅含内在水分的"一般分析试验煤样"，这样得到的结果都要用空气干燥基表示，通过基准换算后可以用其他基准表示。

（一）一般分析试验煤样水分

1. 测定一般分析试验煤样水分的方法要点

《煤的工业分析方法》中规定，采用干燥失重法测定一般分析试验煤样水分，其要点是：称取 1 g 一般分析试验煤样置于称量瓶中，轻摇使煤样平铺，然后在鼓风的干燥箱中于 105 ～ 110℃干燥至恒重，取出称量瓶，在干燥器中冷却至室温，称量后得到煤样的失重，即可计算一般分析试验煤样水分。

2. 影响一般分析试验煤样水分的因素

（1）空气湿度和温度的影响

一般分析试验煤样水分是内在水分，它存在于煤的毛细孔隙中、呈吸附态或凝聚态，它的大小反映了煤中的孔隙及其内表面的特性。煤中水分的蒸发，与空气中的水蒸气分压（或湿度）有很大关系，当毛细管中水的平衡蒸汽压大于空气中的水蒸气分压时，煤中的水分就会蒸发进入空气；空气的湿度越大，煤中的水分就越难蒸发，残留在煤中的内在水分就越高。

（2）煤化程度的影响

一般分析试验煤样水分随煤化程度呈现规律性的变化。一般分析试验煤样水分就是煤的内在水分，从褐煤开始，随煤化程度的提高，煤的内在水分逐渐下降，到中等煤化程度的肥煤和焦煤阶段，内在水分最低，此后，随煤化程度的提高，内在水分又有所上升。这是由于煤的内在水分吸附于煤的孔隙内表面上，内表面积越大，吸附水分的能力就越强，煤的水分就越高。此外，煤大分子结构上极性含氧官能团的数量越多，煤吸附水分的能力也越强。低煤化程度的煤内表面积发达，分子结构上含氧官能团的数量也多，因此内在水分较高。随煤化程度的提高，煤的内表面积和含氧官能团均呈下降趋势，因此，煤中的内在水分也是下降的。到无烟煤阶段，煤的内表面积有所增大，因而煤的内在水分也有所提高。

（3）降灰的影响

在工业应用时常常需要对原煤进行分选降灰处理以得到低灰的精煤，如炼焦、液化等需要使用精煤，在实验室有时也需要对原煤通过浮沉试验进行降灰处理。煤经过降灰处理后，灰分降低，精煤中有机质的比例提高，由于矿物质中的孔隙率很小，这将导致精煤水分高于原煤的水分。水分越高的煤，这种差异就越大。

3. 影响外在水分和全水分的因素

煤的外在水分与煤化程度没有规律可循，一般与煤颗粒的外表面积大小有关。煤的粒度越小，单位质量的颗粒外表面积就越大，外在水分也越高。如浮选精煤的外在水分远高于跳汰选精煤和重介质选精煤，主要原因就是浮选精煤的粒度远小于跳汰选精煤和重介质选精煤。煤的全水分与煤化程度有一定的规律性，当粒度分布接近时，类似于内在水分的规律。但若粒度差别过大，就比较混乱。一般来说，粒度级越小，煤的全水分也越大；煤化程度越低，煤的全水分越高。

4. 煤中水分对煤炭加工利用的影响

煤中的水分对煤炭的加工利用过程是有害的或者是不利的。在煤炭燃烧、气化、炼焦时，存在的水分要额外吸收热量，使过程热效率降低。在煤炭运输过程中，水分高意味着运力的浪费。因此，在煤炭贸易中，水分成为一项重要的计价依据：水分高，煤价就要下降。但煤中适量的水分有利于减少运输和贮存过程中煤粉尘的产生，可以减少煤的损失，降低煤粉对环境的污染。

（二）煤的灰分

1. 灰分的概念

煤的灰分是指煤在一定条件下完全燃烧后得到的残渣。燃烧残渣量的多少与煤中矿物质含量关系密切，也与测定条件有关。

2. 测定灰分的方法要点

在灰皿中称量 1 g 左右的一般分析试验煤样，然后在 815℃、空气充足的条件下完全燃烧得到的残渣作为煤的灰分，称量残渣并计算其占煤样质量的百分数，称为煤的灰分产率，用 A 表示。煤的灰分产率常简称为煤的灰分。测定灰分产率时所用的煤样是粒度小于 0.2 mm 的空气干燥煤样，因此，测定结果是空气干燥基的灰分产率，用 A_{ad} 表示。

由于空气干燥煤样中的水分随空气湿度的变化而变化，因而造成灰分的测值也随之发生变化。但就绝对干燥的煤样而言，其灰分产率是不变的。所以，在实用上空气干燥基的灰分产率只是中间数据，一般还需换算为干燥基的灰分产率 A_d。在实际使用中除非特别指明，灰分的表示基准应是干燥基。换算公式如下：

$$A_d = \frac{100}{100 - M_{ad}} \times A_{ad} \quad （1-2）$$

3. 煤灰分的形成

煤的灰分不是煤中的固有组成，而是由煤中的矿物质在高温条件下转化而来的产物。煤的灰分与矿物质有很大的区别，首先是灰分的产率比相应的矿物质含量要低，其次是在组成成分上有很大的变化。矿物质在高温下经分解、氧化、化合等化学反应之后转化为灰分。煤的灰分产率与煤化程度没有规律性关系，煤化程度一般只影响煤的有机质，对煤的矿物质影响不大，对灰分也就几乎没有影响。煤在灰化过程中矿物质发生的化学反应主要有以下几种：

（1）碳酸盐类矿物的分解

$$CaCO_3 \xrightarrow{\Delta} CaO + CO_2 \uparrow$$

$$FeCO_3 \xrightarrow{\Delta} FeO + CO_2 \uparrow$$

$$4FeO + O_2 \xrightarrow{\Delta} 2Fe_2O_3$$

（2）硫铁矿的氧化

$$4FeS_2 + 11O_2 \xrightarrow{\Delta} 2Fe_2O_3 + 8SO_2 \uparrow$$

（3）黏土、石膏脱结晶水

$$2SiO_2 \cdot Al_2O_3 \cdot 2H_2O \xrightarrow{\Delta} 2SiO_2 \cdot Al_2O_3 + 2H_2O \uparrow$$

$$CaSO_4 \cdot 2H_2O \xrightarrow{\Delta} CaSO_4 + 2H_2O \uparrow$$

（4）CaO 与 SO_2 的反应

$$2CaO + 2SO_2 + O_2 \xrightarrow{\Delta} 2CaSO_4$$

必须说明的是，煤在实际燃烧过程中，其中矿物质的转化要复杂得多，常常伴有产物之间复杂的化学反应，形成新的矿物，限于本书的读者对象，在此不予赘述。

煤中矿物质含量与其相应的灰分产率之间的关系可用下式近似表示：

$$MM = 1.08A + 0.55S_t \quad （1-3）$$

式中 MM ——煤中矿物质的含量，%；

S ——煤中的全硫含量，%。

（三）煤的挥发分和固定碳

1. 挥发分和固定碳的概念

在高温条件（900℃）下，将煤样隔绝空气加热一段时间，煤的有机质发生热解反应，形成部分小分子的化合物，在测定条件下呈气态析出，其余有机质则以固体形式残留在焦渣中。由有机质热解形成并呈气态析出的化合物称为挥发物，该挥发物占煤样质量的百分数称为挥发分或挥发分产率。以固体形式残留下来的有机质占煤样质量的百分数称为固定碳。实际上，固定碳不能单独存在，它与煤中的灰分一起形成残渣称为焦渣，从焦渣中扣除灰分就是固定碳了。挥发分用 V 表示，固定碳用 FC 表示。

挥发分是指煤隔绝空气加热时，从逸出的挥发性物质中扣除煤样中吸附水分后的所有物质。按这样的定义，挥发分中包含了煤中矿物质热解形成的挥发性气体，如 CO_2、结晶水等。虽然如此，但由于煤中矿物质在挥发分测定条件下能形成挥发性气体的量实在有限，除特殊情况外，基本上可以认为，挥发分测定时得到的挥发物除吸附水外，其余的几乎都是有机质热解而形成的低分子化合物。因此，根据挥发分能够大致判断煤的大部分性质，几乎在所有研究或利用煤的场合均需要煤的挥发分数据。

2. 挥发分的测定方法要点和基准换算

（1）挥发分的测定

称取 1 g 一般分析试验煤样放入挥发分增堪，在 900℃下隔绝空气加热 7 min 后取出，在干燥器中冷却至室温后称量焦渣的质量，按下式计算挥发分：

$$V_{ad} = \frac{m - m_1}{m} \times 100 - M_{ad} \quad （1-4）$$

式中 V_{ad} ——空气干燥基挥发分，%；

M ——一般分析试验煤样的质量，g；

m_1 ——残渣的质量，g；

M_{ad} ——空气干燥基水分，%。

空气干燥基固定碳 FC^ 按下式计算：

$$FC_{ad} = 100 - M_{ad} - A_{ad} - V_{ad} \quad （1-5）$$

挥发分和固定碳都不是煤中的固有成分，它们是煤中的有机质在一定条件下热解的产物。固定碳与煤中的碳元素是两个不同的概念，固定碳实际上是高分子化合物的混合物，它含有碳、氢、氧、氮、硫等元素。

（2）干燥无灰基挥发分的换算

挥发分由煤的有机质热解而产生，挥发分的高低反映了煤有机质分子结构的特性。但挥发分的测定结果用空气干燥基表示时，由于水分和灰分的影响，既不能正确反映这种特性，也不能准确表达挥发分的高低。因此，排除水分和灰分的影响，采用无水无灰的基准（也称干燥无灰基）表示。干燥无灰基的挥发分指的是有机质热解挥发物的质量占煤中干燥无灰物质质量的百分数。在实际使用中除非特别指明，挥发分均是指干燥无灰基时的数值。干燥无灰基挥发分用 V_{daf} 表示，由空气干燥基挥发分换算而得：

$$V_{daf} = \frac{100}{100 - M_{ad} - A_{ad}} \times V_{ad} \quad （1-6）$$

这时，干燥无灰基的固定碳：

$$FC_{daf} = 100 - V_{daf} \quad （1-7）$$

（3）挥发分的校正

根据挥发分的特点，挥发分反映的是煤中有机质的特性，但在失重法测定过程中，挥发物中除了从有机质分解而来的化合物之外，还有一部分挥发物不是从有机质而来。如煤样中矿物质的结晶水、碳酸盐矿物分解产生的 CO_2、由硫铁矿转化而来的 H_2S 等。显然它们是由煤样中的无机物转化而来的。但在挥发分测定时，计入了挥发分，这样，所测得的挥发分就不能正确反映有机质的真实情况，必须进行校正，也就是从挥发分的测值中扣除 CO_2、H_2S 和矿物结晶水的量。但实际上很难实现，主要是结晶水、H/S 等的含量测定困难所致，另外，这两种成分在挥发分测定中的生成量极小，因此一般不作校正。碳酸盐 CO_2 含量的测定则相对容易得多，校正如下：

当碳酸盐 CO_2 含量大于等于 2% 时，则

$$V_{ad, 校} = V_{ad} - (CO_2)_{ad} \quad （1-8）$$

式中（CO_2）$_{nd}$—煤样的空气干燥基碳酸盐 CO_2 的含量，%。

在 GB/T 212—2008 中规定干燥基和空气干燥基挥发分无需进行碳酸盐 CO_2 的校正，只有干燥无灰基挥发分需要校正，这么做是因为"挥发分是指从挥发物中扣除水分后的量"，在干燥基和空气干燥基下，基准物质中包含了碳酸盐。干燥无灰基挥发分需要对二氧化碳进行校正，是因为干燥无灰基定义为假想无水、无灰状态，而在无灰状态时，煤中是不存在碳酸盐的。故计算干燥无灰基挥发分时，应扣除煤中碳酸盐 CO_2 含量。当碳酸盐 CO_2 含量小于 2% 时，CO_2 含量可忽略不计。

在实际工作中，直接测定碳酸盐分解生成的 CO_2、硫铁矿产生的 H/S 和

矿物质结晶水的含量十分复杂，有的甚至是不可能的。因此，一般采用对煤样进行脱灰处理，降低其矿物质含量后，矿物质对挥发分测定产生的影响就可以忽略了。通常，要求用于挥发分测定的煤样灰分应小于15%，最好小于10%。

（4）焦渣特征

焦渣是煤样在测定挥发分后的固体残留物，它由固定碳和灰分构成。焦渣特征是指焦渣的形态（粉状、块状）、光泽、强度、形状等特点，并根据这些特点，把焦渣特征划分为8种，用以粗略判断煤的黏结性强弱，用1～8的数字表示，号数越大，表明黏结性越强。它们是：

1号粉状：全部是粉末，没有相互黏着的颗粒；

2号黏着：颗粒黏着，但手指轻压即碎成粉状；

3号弱黏结：已经成块，但手指轻压即碎成小块；

4号不熔融黏结：手指用力压才裂成小块；

5号不膨胀熔融黏结：呈扁平的饼状，煤粒界面不易分清，表面有银白色金属光泽；

6号微膨胀熔融黏结：焦渣手指压不碎，表面有银白色金属光泽和较小的膨胀泡；

7号膨胀熔融黏结：焦渣表面有银白色金属光泽，明显膨胀，但高度不超过15 mm；

8号强膨胀熔融黏结：同7，但高度超过15 mm。

3. 影响煤挥发分的因素

（1）测定条件的影响

影响挥发分测定结果的主要因素是加热温度、加热时间、加热速度。此外，加热炉的大小，试样容器的材质、形状、重量、尺寸以及容器的支架都会影响测定结果。因此，挥发分测定是一个规范性很强的分析项目。

（2）煤化程度的影响

煤的挥发分随煤化程度的提高而下降。褐煤的挥发分最高，通常大于40%；无烟煤的挥发分最低，通常小于10%。煤的挥发分主要来自煤分子中不稳定的脂肪侧链、含氧官能团断裂后形成的小分子化合物和煤有机质高分子在高温下缩聚时生成的氢气。随着煤化程度的提高，煤分子上的脂肪侧链和含氧官能团均呈下降趋势；高煤化程度煤分子的缩聚度高，热解时进一步缩聚的反应也少，由此产生的氢气量也少。所以，煤的挥发分随煤化程度的提高而下降。

（3）成因类型和煤岩组分的影响

煤的挥发分主要取决于其煤化程度，但煤的成因类型和煤岩类型也有影响。腐植煤的挥发分低于腐泥煤，这是由于成煤原始植物的化学组成和结构的差异引起的。腐植煤以稠环芳香族物质为主，受热不易分解，而腐泥煤则脂肪族成分含量高，受热易裂解为小分子化合物成为挥发分。

煤岩组分中壳质组的挥发分最高，镜质组次之，惰质组最低。这是因为壳质组化学组成中抗热分解能力低的链状化合物占有较大比例，而惰质组的分子主要以抗热分解能力强的缩合芳香结构为主，镜质组则居于二者之间。由于各个显微组分有不同的挥发分，所以煤的挥发分将随显微组成的变化而变化，而且非常敏感。

第二节 煤中矿物质的组成及煤灰成分

一、煤中的矿物质种类

煤中的矿物质是煤中无机物的总称，既包括在煤中独立存在的矿物质，如高岭土、蒙脱石、硫铁矿、方解石、石英等；也包括与煤的有机质结合的无机元素，它们以羰基盐的形式存在，如钙、钠等的盐。此外，煤中还有许多微量元素，有的是有益或无害的元素，有的则是有毒或有害元素。

煤中的矿物质种类十分复杂，含量差异很大，它们与煤的有机质结合得很紧密，很难彻底分离，要准确测定其组成成分是比较困难的。因此，一般只测定矿物质的总含量，而不测定各组分的含量。国际上测定煤中矿物质含量的方法很不统一，一般采用酸抽提法和低温灰化法。酸抽提法的要点是用盐酸和氢氟酸处理煤样，以脱除部分矿物质，再测定酸不溶矿物质，从而计算矿物质含量。这个方法与低温灰化法相比，具有仪器设备简单、实验周期短、易于掌握等优点，但此法的缺点是使用有毒的氢氟酸，测定过程繁琐。低温灰化法是用等离子低温炉，使氧活化后通过煤样，让煤中的有机质在低于150℃的条件下氧化，残余物即为矿物质。由于温度较低，煤中的矿物质不发生变化。低温灰化法的优点是在不破坏矿物质结构的情况下直接测定煤中的矿物质含量；缺点是测定周期长达100 ~ 125 h，且需要专门的仪器，实验条件严格，而且还要测定残留物中的碳、硫含量，比较繁琐费时。煤中常见的矿物质有以下几种：

（一）按矿物质组成分类

1. 黏土矿物

黏土矿物是煤中最主要的矿物质，其含量明显高于其他矿物，常见的有高岭石、伊利石、蒙脱石等。随煤化程度的提高，黏土矿物也随之发生变质作用。在一些高变质的煤中（如贫煤、无烟煤等），高岭石常转化为地开石，它是一种高结晶度的高岭石族矿物。说明煤中矿物质与有机质一样，在煤变质过程中，其结晶度和有序度都在不断提高。高岭石可以呈碎屑方式由风和水的搬运作用在泥炭沼泽中沉积而形成，一般认为是远离海相沉积的陆源矿物；也可由铝硅酸盐（长石和云母）经风化作用，在泥炭沼泽中沉淀而产生。高岭石（$Al_2O_3 \cdot 2SiO_2 \cdot 2H_2O$）在较低温度下（400 ~ 500℃）发生脱水，转变成偏高岭石。

伊利石是煤中常见的黏土矿物之一，一般情况下其含量仅次于高岭石。伊利石结晶度一般较低，极少见解理清晰、颗粒较大的晶体，在煤层中往往与高岭石等黏土矿物共生，很少单独出现，多呈小鳞片状分布在碎屑状基质中。伊利石在酸性环境中不稳定，在中性及碱性环境中比较稳定。伊利石多为碎屑成因，煤层顶板比煤中含量高。在陆相沉积的煤中，伊利石在矿物质中占有一定的比例。但在海相沉积的煤中，伊利石的含量与高岭石相反，往往其含量较高，因为伊利石不仅可以来源于陆源供应物质，而且可以在盆地内形成自生矿物。煤燃烧后煤灰中的主要来源于煤中的伊利石矿物。

蒙脱石又称微晶高岭石或胶岭石，具有极强的分散性和膨胀性，而可塑性和耐火性较差，具有强的吸附力和阳离子交换能力。煤中蒙脱石与火山作用形成的火山灰蚀变有关。

黏土矿物主要呈微粒状、团块状、透镜状、薄层状或不规则状产出，常见其充填于基质镜质体、结构半丝质体及结构丝质体细胞腔中或分散在无结构的镜质体中。团块状、透镜状和薄层状黏土集合体的大小变化范围很大，可由十几微米到 1 mm 左右。黏土矿物在薄片中呈无色，有时因腐植酸作用而略带褐色，在干物镜下呈灰色、棕黑色、暗灰色或灰黄色，轮廓清晰，表面不光滑，呈颗粒状及团块状结构，不显突起或微突起。反光油浸镜下呈黑色，轮廓及结构往往不清楚，难于辨认；具有微弱的荧光，呈暗灰绿色，不太清晰。煤中的黏土矿物，在光学显微镜下很难区分其矿物成分，必须配合差热分析、X 射线衍射和红外光谱等方法才能准确鉴定。

对煤中黏土矿物的成分和产状的研究有助于成煤古地理环境进行分析。由于黏土矿物受后生作用的影响显著，因此黏土矿物的成因比其他矿物难以确定。一般认为，高岭石是在温暖潮湿气候的酸性介质条件下形成的；蒙脱石主要产于干燥、温暖气候的碱性介质条件下，并且其形成与基性火山岩有关；伊利石的形成是在温和至半干燥气候条件下由风化作用形成，而自生伊利石常与富钾的碱性介质条件有关。

2. 石英

石英是煤中最常见的矿物之一，分布广泛，其含量可达有机和无机显微组分总量的 5% ~ 10% 以上。煤中的石英大部分是陆源矿物，被水或风等带入泥炭沼泽，并保存在煤层中，但也有一些石英是煤化过程中产生的自生石英。煤中的石英一般为粉砂级，显微镜下常常表现为棱角或半棱角状，与细分散状的黏土矿物及其集合体伴生，长轴方向与层理方向相近；化学成因的石英、玉髓和蛋白石为二氧化硅的溶液凝聚而成，一般呈无定形状态分布于煤中，其中玉髓和蛋白石数量很少。煤层形成后，由于地下水或岩浆的活动，也可生成石英，多呈脉状或薄膜状充填在裂隙或孔洞中。陆相沉积的煤中，石英含量一般较高。石英类在原煤中含量较高，煤燃烧后的灰中，石英含量仍然较高，但在煤灰中其 X 射线衍射强度有所减弱，可能有少量石英同 Al_2O_3、CaO 等其他成分在煤燃烧过程中发生反应，并生成了一些新的矿物质或非晶质的玻璃体物质，从而降低了其衍射峰强度。

3. 碳酸盐矿物

煤中碳酸盐矿物主要有方解石，其次是白云石、菱铁矿等。碳酸盐矿物是煤中较常见的矿物，特别是在近海相沉积环境或海陆交互相沉积环境中，碳酸盐矿物含量相当丰富，如山东济宁煤田太原组与山西组煤层中，太原组16煤层与17煤层，为海陆交互相沉积，其煤层顶板为碳酸盐，其裂隙较发育，因此，该煤层中方解石含量较高。而山西组3煤层为陆相沉积，煤层顶底板多为黏土岩和砂岩，因而3煤层中碳酸盐的含量明显低于同一钻孔中的太原组煤层。

在煤燃烧过程中，方解石（$CaCO_3$）全部分解变成了CaO，菱铁矿转变为Fe_2O_3，菱镁矿转变为MgO。

4.硫化物和硫酸盐矿物

煤中的硫化物主要以黄铁矿为主，也含有极少量的其他硫化物和硫酸盐矿物。在煤燃烧过程中，黄铁矿（FeS_2）主要变成了赤铁矿（Fe_2O_3）。

黄铁矿是煤中主要的硫化物矿物，主要存在于海相和海陆交互相煤中，而内陆条件下形成的煤层黄铁矿含量较低。后生黄铁矿多呈薄膜状、脉状充填在煤的裂隙中，往往与地下水或岩浆热液的活动有关。黄铁矿为浅铜黄色，条痕绿黑色。透射光下为黑色，反光油浸镜下为强亮黄白色或亮黄白色，突起很高，轮廓清楚，表面不太平整。常呈结核状、浸染状及霉球菌状集合体，或充填于裂隙及孔洞中。有时充填于有机显微组分细胞腔中或镶嵌其中。黄铁矿在氧化条件下不稳定，易氧化为褐铁矿。

煤中黄铁矿的形态多种多样，根据有无生物组构，可以将黄铁矿分为无生物组构的黄铁矿和具生物组构的黄铁矿两类。具生物组构的黄铁矿化的高等植物遗体保存着比较清晰的细胞结构和可识别的植物门类器官。例如，太原西山煤田的太原组和山西组煤中发现的团藻、松藻等多种藻类，由于黄铁矿化，使藻类结构得以保存，即使在中、高级煤中仍可鉴别。具生物组构的黄铁矿，虽然在煤中的含量不多，但对于阐明成煤植物及聚煤环境有重要的意义。

（二）按矿物质的成因或来源分类

1.按矿物质的成因分类

（1）原生矿物质

原生矿物质是指存在于成煤植物中的矿物质。成煤植物在生长过程中，通过植物的根部吸收溶于水的一些矿物质，来促进植物新陈代谢作用的进行。原生矿物质主要是碱金属和碱土金属的盐类，如钾、钠、钙、镁、磷、硫的盐类以及少量铁、钛、钒、氯、氟、碘等元素。原生矿物质与有机质紧密地结合在一起，在煤中呈细分散分布，很难用机械方法分离。这类矿物质含量较少，一般仅为 1% ~ 2%。

（2）同生矿物质

同生矿物质主要指在泥炭化作用阶段，由风和流水带到泥炭沼泽中和植物残体一起堆积下来的碎屑无机物质，如石英、长石、云母和各种岩屑；还有由胶体溶液沉淀形成的各种化学成因和生物成因的矿物质，如高岭土、方解石、黄铁矿等。同生矿物质以多种形态嵌布于煤中。例如以矿物夹层、包裹体、结核状存在于煤中，并且与煤紧密共生，在平面上分布比较稳定，可以用来鉴别和对比煤层。不同的聚煤环境，同生矿物质的数量和种类有很大的差别，如近海环境形成的煤中，黄铁矿较多，高岭石含量较低；陆相沉积环境的煤中黏土矿物和石英碎屑多。

同生矿物质还包括煤层形成后，由于地下水的淋滤作用，方解石、石膏等矿物质沉淀下来，填充在煤的裂隙中的矿物。

同生矿物质分选的难易程度与其嵌布形态有关，若在煤中分散均匀，且颗粒较小，就很难与煤分离；若颗粒较大，在煤中较为聚集，则将煤破碎后利用密度差可将其除去。同生矿物质是煤中灰分的主要来源。

（3）后生矿物质

后生矿物质指煤层形成固结后，由于地下水的活动，溶解于地下水中的矿物质，因物理化学条件的变化而沉淀于煤的裂隙、层面、风化溶洞中或胞腔内。煤中的后生矿物质多呈薄膜状、脉状产出，往往切穿层理。主要有由于地下水的淋滤作用形成的方解石、石膏、黄铁矿等，也有由于岩浆热液的侵入形成的一些后生矿物质，如石英、闪锌矿、方铅矿等。

（4）外来矿物质

在采煤过程中混入煤中的顶、底板岩石和夹矸层中的矸石，常称为外来矿物质，其数量在很大范围内波动，随煤层结构的复杂程度和采掘方法而异，一般为 5% ~ 10%，高的可达 20% 以上。外来矿物质的主要成分是 SiO_2，Al_2O_3，$CaCO_3$，$CaSO_4$ 和 FeS_2 等。外来矿物质的密度越大、块度越大，越易与煤分离，用一般选煤方法即可除去。

2. 按矿物质的来源分类

按矿物质的来源，煤中矿物质的分类见表 1-1。

表 1-1 煤中矿物质的分类

矿物组	泥炭化作用阶段形成		煤化作用阶段形成	
	水或风运移	化学反应形成	沉积在空隙中（松散共生）	共生矿物的转变（紧密共生）
黏土矿物	高岭石、伊利石、绢云母、蒙脱石等			伊利石、绿泥石
碳酸盐矿物		菱铁矿、铁白云石、白云石、方解石等	铁白云石、白云石、方解石等	
	水或风运移	化学反应形成	沉积在空隙中（松散共生）	共生矿物的转变（紧密共生）
硫化物		黄铁矿结核、胶黄铁矿、白铁矿等	黄铁矿、白铁矿、闪锌矿、方铅矿、黄铜矿、丝炭中黄铁矿	共生 FeCCh 结合转变为黄铁矿
氧化物		赤铁矿	针铁矿、纤铁矿	
石英	石英粒子	玉髓和石英、来自风化的长石和云母	石英	
磷酸盐	磷灰石	磷钙土、磷灰石		
重矿物和其他矿物	金红石、电气石、正长石、黑云母		氯化物、硫酸盐和硝酸盐	

二、煤灰成分

煤中的矿物质组分十分复杂，很难分别分离和测定其含量。煤灰是煤中矿物质在煤燃烧后形成的残渣，其化学组成也十分复杂，不同产地、不同煤种的灰分组成差别很大，与煤化程度没有规律可循。但可以通过灰成分分析，结合物相分析了解煤中矿物的大致组成。煤灰中的元素有几十种，地球上天然存在的元素几乎在煤灰中均可发现，但常见的只有硅、铝、铁、钙、镁、钛、钾、钠、硫、磷等，在一般的灰成分测定中也只分析这几种。

三、煤中的微量元素

在煤的矿物质中，除了上述含量较高的元素之外，还含有为数众多的含量较少的元素，即微量元素。对于煤中微量元素的研究始于 20 世纪 40 年代，人们研究的重点是微量元素的分布规律。到 20 世纪 50 年代，由于电子工业、原子能工业的迅猛发展，对稀有元素的需求量剧增，从煤中提取稀有元素成为科学家的研究重点之一。一般来说，煤中的锗含量达到 20 g/t 以上、镓 30 g/t 以上、铀 300 g/t 以上、牡 900 g/t 以上、铼 2 g/t 以上，就有工业提取价值。下面介绍几种煤中常见的微量元素。

（一）锗

地球上单独存在的锗矿石极少，锗通常分布在各种硅酸盐、碳酸盐与锡石共生的矿物以及锗、钽、铁和硫化物矿物中，所以锗是一种稀散元素。锗在煤层中往往形成大面积的富集区，绝大多数煤中含有锗，但一般含量小于 5 g/t，个别可以达到 20 g/t 的工业可采品位。研究结果表明，锗在低煤化程度的煤（褐煤、长焰煤、气煤）中含量较高。在煤岩组分中，镜煤中的锗含量较高，在薄煤层中的锗的含量比厚煤层高。煤中的锗的赋存形式有无机的，也有有机的。锗主要用于半导体材料。

（二）镓

镓在自然界中没有独立的矿床，但在煤中普遍存在，是一种稀散元素。一般在煤中镓的含量达 10 g/t，有的煤中高达 250 g/t。镓的工业可采品位是 30 g/t。镓与铝的原子半径相近（分别为 0.139 nm 和 0.143 nm），因此镓和铝常常共生。一般来说，在煤层中，镓的品位并不高，但在其顶板、底板和夹矸层中却富集有较多的镓。镓在煤中的赋存形式既有无机的也有有机的。目前，镓大量用于制造半导体元件，其性能优于锗、硅半导体。

（三）铀

铀也是煤中易富集的元素之一，但一般不超过 5 g/t。通常在褐煤中富集有较多的铀。在我国已经发现有一些铀含量超过工业提取品位（300 g/t）的褐煤矿点，在美国、俄罗斯等国家的煤矿中也有发现。煤中的铀大多数与有机质结合，但也有含铀的无机矿物。铀主要用作原子能工业的燃料。

（四）钒

钒在地壳中的含量很低，大约只占 0.02%，且多分散在其他矿物或岩石中。在煤中，钒和镓常常共生。在我国浙江、湖南等地的石煤中，钒含量较高，有些已经达到了工业提取的品位 0.5% ~ 1.0%。我国已经成功地从石煤中提取出了钒，实现了工业化生产。钒，主要用于制造优质合金钢，也是重要的催化剂成分。

（五）铍

铍在煤中以有机结合为主。通常，铍在煤中的含量不高（10 ~ 20 g/t），但有时也高达 40 g/t。铍是一种剧毒元素，有致癌作用。被广泛用于原子能、火箭、导弹、航空航天以及电子工业中。

（六）铼

铼在煤中也有富集，当其品位达到 2 g/t 以上时有工业利用价值。但我国的煤中，铼的品位多在 1 g/t 以下。铼可作宇宙飞船的耐高温部件，也是重要的制造仪表的材料。

（七）钍

钍在有些煤中富集，它以二氧化钍的形式存在，但含量一般只有每吨数克，难以达到 900 g/t 以上的工业开采品位。钍是重要的热核燃料，冶金工业用钍冶炼优质合金钢，如钍铝合金能耐海水侵蚀和增大延展性。

（八）钛

钛也是煤中有提取价值的一种元素，其合金有良好的抗腐蚀性和耐高温性，已经在航海和航空工业中得到广泛应用。

四、煤中的有害元素

煤中的有害元素主要有硫、磷、氯、砷、氟、汞、铍、镉、铅等。这里所说的"有害"是指在煤的利用过程中，对工艺、设备、产品、人体、环境等会产生危害。如果这些元素达到工业提取品位，能够提取出来，这些元素将是有用的原料。

（一）硫

煤中的硫以硫铁矿以及有机质等形式存在于煤中。硫是煤中最主要的有害元素。煤中的硫在燃烧过程中形成 SO_2 随烟气进入大气环境，下雨时成为酸雨，腐蚀建筑物和设备，进入水体后污染水源。大气中的 SO_2 对人体健康和动植物的生长也有危害。

煤通过焦化制成焦炭主要用于炼铁。在焦化过程中，煤中的硫在焦炉中发生了很大的变化，大约 20% ~ 30% 转化为 H_2S，COS、CH_3SH、CH_3SCH_3 等低分子含硫化合物进入煤气和焦油，其余则残留在焦炭中。焦炭中的硫对于炼铁是非常有害的，生铁中的硫主要来自焦炭，当生铁中的硫含量较高时就不能炼钢。硫以 FeS 的形式存在于钢中，FeS 能与 Fe 形成低熔点化合物（985℃），它低于钢材热加工开始温度（1 150 ~ 1 200℃）。在热加工时，由于它的过早熔化而导致工件开裂，这种现象称为"热脆性"。含硫量愈高，热脆性愈明显。通常钢中的硫含量低于 0.07%。为了防止过量的硫进入生铁，在炼铁高炉炉料中必须配入大量的石灰石。经验证明，焦炭中的硫每增加 0.1%，焦比增加 1.5% 左右，石灰石用量增加 2% 左右，高炉生产能力降低 2% ~ 2.5%。

煤中的硫在气化时主要形成 H_2S，COS 等，作为燃料气时，H_2S、COS 燃烧后形成 SO_2 刺激人的呼吸道，腐蚀燃烧设备，污染大气；如作为合成气，这些硫化合物将会使合成催化剂中毒失效，影响生产的正常进行。因此，煤气中的硫化合物必须脱除。

（二）磷

煤中的磷含量一般不高，通常在 0.001% ~ 0.1% 之间，最高不超过 1%。煤中的磷主要以无机物的形式存在，如磷灰石：$[3Ca_3(PO_4)_2 \cdot CaF_2]$ 和磷酸铝矿物：$[Al_6P_2O_{14}]$，但也有以有机磷的形式存在于煤中。煤在炼焦时，磷几乎全部进入焦炭。用磷含量高的焦炭炼铁，过量的磷将进入生铁。用这种生铁炼成的钢磷含量也较高。磷在钢中能溶于铁素体（钢中的一种金相组织）内，使铁素体在室温下的强度增大，而塑性、韧性下降，即产生所谓"冷脆性"，使钢的冷加工和焊接性能变坏，因此，磷也是煤中的有害元素。含磷量愈大，冷脆性愈强，故钢中磷含量控制较严，一般小于 0.06%。因此，炼焦用煤的磷含量必须小于 0.1%。作为燃料使用时，煤中的磷形成的化合物在锅炉的受热面上冷凝下来，胶结了一些飞灰颗粒，形成难以清除的污垢，对受热面的传热效率影响很大。

（三）氯

世界主要产煤国的煤中氯含量差别较大，含量一般为 0.005% ~ 0.2%，个别的可达 1% 左右。我国煤中氯含量较低，在 0.01% ~ 0.2%，平均为 0.02%，绝大部分在 0.05% 以下。早期的研究认为，煤中的氯主要以 NaCl 或 KCl 的形式存在，但目前的研究认为，煤中氯也有以有机质的形式存在的证据。关于煤中氯的存在形式学术界还存在争议。煤中的氯对煤炭利用有很大的危害，如炼焦煤氯含量高于 0.3%，将腐蚀焦炉炭化室的耐火砖，大幅缩短焦炉的使用寿命。若含氯量高的煤用于燃烧，会对锅炉产生严重的腐蚀。经过洗选的煤，其中的氯化物会溶于水而使煤中的氯含量下降。

（四）砷

砷是煤中挥发性较强的有毒物质，是煤中最毒的元素之一。煤燃烧时大部分砷形成剧毒的 As_2O_3（砒霜）和 As_2O_3，并以化合物形式侵入到大气环境中；另一部分残留在灰渣和飞灰中。由砷引起的地方性疾病已引起有关部门和国内外学术界的重视。它与其他污染物质如苯并（a）芘起协同作用促使癌变，从而对人体健康构成危害。煤中的砷主要以硫化物的形式与硫铁矿结合在一起，即以砷黄铁矿 $[FeS_2 \cdot FeAs_2]$ 的形式存在于矿物质中，小部分以有机质的形式存在。煤中的砷含量极小，一般为（3 ~ 5）$\times 10^{-6}$，高的可达 10^{-4} 甚至 10^{-3}。

（五）汞

煤中的汞是污染环境的有害元素之一。汞在煤中的赋存形式还没有定论，其含量一般在 10^{-7} 以下，但国外有汞含量高达 2×10^{-3} 的煤。煤在燃烧时，汞以蒸气的形式排入大气，当空气中的汞浓度达到 30 ~ 50 Mg/m^3 时，将对人体产生危害。汞蒸气吸附在粉尘颗粒上，随风飘散，进入水体后，能通过微生物作用，转化为毒性更大的有机汞（如甲基汞 CH_3HgCH_3）。甲基汞能在水体动物体内积累，最后通过食物链危害人类。汞的慢性中毒会导致精神失常、肌肉震颤、口腔炎等，对人体危害极大。因此，我国对燃煤锅炉烟气中的汞含量作出限定，小于 30 $\mu g/m^3$。

（六）氟

氟是地壳中常见的元素之一，是人体中既不可缺少又不能多的"临界元素"。煤中的氟主要以无机物赋存于煤中的矿物质中，含量一般在 3×10^{-4} 以下，也有个别高氟煤的氟含量达到 10^{-3}，以上。燃烧高氟煤，将对周围的动植物造成严重危害。曾经发生过电厂周围的蜜蜂、桑蚕大量死亡的事件，经调查与氟中毒有关。煤在燃烧过程中，氟以 SiF_4、H_2F_2 的形式挥发出来，并形成含 NaF 和 CaF_2 的粉尘。这些氟化物一部分滞留在空气中，一部分进入土壤和水体中。

（七）铅

煤中的铅以方铅矿的形式存在于煤中，我国煤中的铅含量在（1 ~ 5）

$\times 10^{-6}$。人发生铅中毒后，表现为全身无力、肢端麻木、伴有呕吐等症状。煤在燃烧时，铅以氧化铅的形式随烟尘飘散到空气中，从呼吸道或消化道进入人体。

（八）铍

铍在煤中多以有机质的形式存在，通常在煤化程度低的煤中铍的含量较高。一般煤中的铍含量在（1～30）$\times 10^{-6}$。煤燃烧时，铍随烟气进入大气。铍的氧化物和氯化物都是极毒的物质，特别是这种化合物以气溶胶的形式滞留在大气中时，对人畜的危害更大。研究表明，铍可引起中毒性肝炎，并导致癌症。

（九）镉

镉以无机物形式存在于煤中，在煤中的含量为（1～26）$\times 10^{-6}$。煤燃烧时，镉以氧化物的形式随烟气进入大气，通过呼吸道进入人体。在人体内的镉能积聚并取代骨骼中的钙，会造成严重的骨质疏松症。

第三节 煤中有机质的组成

一、煤中有机质的元素组成

大量研究表明，煤中的有机质主要由碳、氢、氧、氮和硫等五种元素构成。煤中有机质的元素组成可以通过元素分析法测定。煤的元素分析就是对煤有机质中碳、氢、氧、氮和硫含量的分析测定。

（一）构成煤有机质的主要元素

1. 煤中的碳元素

碳是构成煤大分子骨架最重要的元素，也是煤燃烧过程中放出热能最主要的元素之一。随煤化程度的提高，煤中的碳元素逐渐增加，从褐煤的60%左右一直增加到年老无烟煤的98%。腐植煤的碳含量高于腐泥煤，在不同煤岩组分中，碳含量的顺序是：惰质组＞镜质组＞壳质组。

2. 煤中的氢元素

氢元素是煤中第二重要的元素，主要存在于煤分子的侧链和官能团上，在有机质中的含量约为2.0%～6.5%，随煤化程度的提高而呈下降趋势。从低煤化程度到中等煤化程度阶段，氢元素的含量变化不十分明显，但在高变质的无烟煤阶段，氢元素的降低较为明显而且均匀，从年轻无烟煤的 4% 下降到年老无烟煤的 2% 左右。因此，我国无烟煤分类中采用氢元素含量作为分类指标。氢元素的发热量约为碳元素的 4 倍，虽然含量远低于碳含量，但氢元素的变化对煤的发热量影响很大。

腐泥煤的氢含量高于腐植煤。腐植煤中不同煤岩组分氢含量的顺序是：壳质组＞镜质组＞惰质组。

3. 煤中的氧元素

氧也是组成煤有机质的重要元素，主要存在于煤分子的含氧官能团上。随煤化程度的提高，煤中的氧元素迅速下降，从褐煤的 23% 左右下降到中等变质程度肥煤的 6% 左右，此后氧含量下降速度趋缓，到无烟煤时大约只有 2%。氧元素在煤燃烧时不产生热量，在煤液化时要无谓地消耗氢气，对于煤的利用不利。腐泥煤的氧含量低于腐植煤。腐植煤中不同煤岩组分氧含量的顺序是：镜质组＞惰质组＞壳质组。

4. 煤中的氮元素

煤中的氮元素含量较少，一般为 0.5% ~ 1.8%，与煤化程度无规律可循。它主要来自成煤植物的蛋白质。在煤中主要以氨基、亚氨基、五元杂环（吡咯、咔唑等）和六元杂环（吡啶、喹啉等）等形式存在。煤中的氮在煤燃烧时也不放热，主要以 N_2 的形式进入废气，少量形成 NO_x。当煤在炼焦时，煤中的氮一部分形成 NH_3、HCN 及其他有机含氮化合物，其余的则留在焦炭中。

5. 煤中的硫元素

（1）煤中硫的存在形态

煤中的硫分为有机硫和无机硫，无机硫又分为硫化物硫和硫酸盐硫。

①煤中的有机硫

一般煤中的有机硫含量较低，但组成很复杂，主要由硫醚、硫化物、二硫化物、硫醇、巯基化合物、噻吩类杂环化合物及硫醌化合物等组分或官能团所构成。

研究表明，低煤化程度煤以低相对分子质量的脂肪族有机硫为主，而高煤化程度煤以高相对分子质量的环状有机硫为主。随煤化程度提高，具有三环结构的二苯并噻吩相对于四、五环结构的化合物数量减少，而具有稳定甲基取代位的含硫化合物则不断增加。煤化程度高的煤绝大部分有机硫属噻吩结构，褐煤中脂肪族硫占主导地位。随煤化程度提高，煤中噻吩硫的比例增大，其芳构化程度也逐渐提高。

②煤中的无机硫

煤中的无机硫主要以硫铁矿、硫酸盐等形式存在，其中尤以硫铁矿硫居多。煤中的黄铁矿形态多样，宏观上多呈结核状、透镜状、层状裂隙充填状和分散状；在显微镜下，呈莓球状、鱼子状、块状、均一球状等。脱除硫铁矿硫的难易程度取决于硫铁矿的颗粒大小及分布状态，颗粒大则较易去除，极细颗粒的硫铁矿硫也难以采用常规方法脱除。一般情况下，煤中的硫酸盐硫是黄铁矿氧化所致，因而未经氧化的煤中的硫酸盐硫很少。

煤中的有机硫用 S_o 表示，硫铁矿硫用 S_p 表示，硫酸盐硫用 S_s 表示；有机硫和无机硫之和称为煤的全硫，用 S_t 表示，即

$$S_t = S_o + S_p + S_s \quad （1-9）$$

煤中的有机硫和硫铁矿硫称为可燃硫，燃烧后形成 SO_2 等有害气体。

（2）煤中硫的来源

煤中硫的来源有两种：一是成煤植物本身所含有的硫——原生硫，另一种是来自成煤环境及成岩变质过程中加入的硫——次生硫。对于绝大多数煤来说，其中的硫主要是次生硫。成煤植物中的含硫物质，如蛋白质在泥炭沼泽中分解或转变为氨基酸等化合物参与成煤作用，从而使植物中的硫部分转入煤中，显然成煤植物是煤中硫的一个来源。迄今为止，大家的共识是低硫煤中硫主要来自淡水硫酸盐和成煤植物，高硫煤中硫主要来自海水硫酸盐，也不排除少数高硫煤中的硫来自蒸发盐岩和卤水。在次生硫的生成过程中，硫酸盐还原菌起到了非常重要的作用。

①煤中有机硫的来源

A. 成煤过程中海水对煤中有机硫形成的影响

现代泥炭沼泽研究表明，除了成煤植物提供煤中的硫，古泥炭沼泽的水介质也是一个重要来源。泥炭沼泽既受潮汐作用的影响，又受淡水的影响。在海平面相对上升时期，由于大量海水的进入，直接对泥炭沼泽覆盖。海水中有丰富的硫酸盐，硫酸盐还原菌的活动使得海水中的氧不断消耗，将海水

中的硫酸盐还原成硫化氢，而煤中的硫醇和硫化物正是有机质与硫化氢在松软的有机质沉积物中起反应而生成的。同时海水对泥炭沼泽的覆盖及大量生物的活动，造成周期性缺氧条件，有利于硫化物和硫元素的形成，并富集在泥炭中。

一般海生植物较陆生植物的有机硫含量要高出几倍，甚至更多，如现代内陆石松科植物中，硫含量为 0.1% ~ 0.14%，而受海水影响的海南岛潮间带的红树林植物硫含量高达 0.3% ~ 0.4%。这主要是因为生长在咸水、半咸水中的植物吸收水介质中的硫酸盐并使之转变为有机硫，其煤层的硫含量因而较高，其中有机硫含量亦较高。海水中含有大量的藻类体，藻类体本身含有比高等植物多的有机硫，它在降解过程中可以提供硫源，为有机硫的生成提供物质来源。细菌富含蛋白质，大多很快在沼泽中降解，因此参与形成泥炭的菌类会带来高于高等植物的有机硫。

植物死亡后降解产生 H_2S、H_3SH 及（CH_3）$_2S$ 等。由于底栖生物作用或风暴扰动作用造成局部或短时间泥炭浅层富氧，使这些气体氧化为硫酸盐，更主要的是厌氧生物光合自氧和化学自氧硫细菌借助光能或化学能将 H_2S 或 FeS_2 氧化成硫酸盐。由硫酸盐细菌还原形成的 HS^- 或 S_0 既可与有机质反应生成有机硫，也可与铁离子反应形成硫化物。若体系缺乏活性铁离子，而 SO_4^{2-} 含量相对充足，在适合条件下必然会形成大量有机硫和少量黄铁矿。

由植物到煤这一过程要经历生物化学凝胶化和地球化学凝胶化两种作用，不同的聚煤环境中，由于水介质、水动力条件的不同，其生物化学凝胶化作用程度和形式差别很大，所以不同成因煤有机硫含量也差别很大。另外，即使同一沼泽环境中，由于微环境和成煤母质器官稳定性的差别，生物化学凝胶化作用也会变化很大，导致同一煤层中不同显微组分间的差别。

随着凝胶化程度增强，组分有机硫含量增加，煤中次生有机硫的生成是介质中还原型（S^{2-}、S^0）有机质中活性官能团作用的结果。凝胶化程度高的有机质中活性官能团较多，在其形成过程中沼泽一般覆水较深，较多地受海水影响，同时凝胶化产物与水介质的接触面积也最大，因而生成次生有机硫的能力强；反之，在相对氧化环境下泥炭沼泽中凝胶化作用弱，凝胶化产物少，凝胶化程度相对较低，有机质中活性官能团较少，加之水介质性质的差异生成次生有机硫的能力弱。

资料表明，煤层在不同的演化阶段形成有机硫化合物的类型也不同。在泥炭化阶段和早期成岩阶段形成的有机硫多以硫醇、硫醌和饱和环状硫化合物为主，晚期成岩阶段和变质阶段形成的有机硫以噻吩硫为主。许多学者认为高硫煤中的硫经历了一个逐渐积聚的过程，在这一过程中，沉积环境起到了决定性作用。

B. 成煤过程中的沉积环境对煤中有机硫形成的影响

煤中硫的富集，与煤层顶板岩石沉积环境直接相关，即使成煤原始植物没有供给沼泽中大量的硫，但堆积后的泥炭在随后被海水淹没浸泡以及掩埋条件下，最终在煤中吸附了大量海水中的硫，使煤中硫含量较高。成岩阶段，从上覆水介质中所能得到的硫酸盐非常有限，随着埋深加大、经历的成岩阶段加长，硫酸盐可继续转化为硫铁矿硫和有机硫。成岩作用不断进行，泥炭层在顶底板附近可利用围岩中的硫酸盐来增加自身硫分。若顶底板为潮坪沉积，那么可供泥炭层利用的硫酸盐更是比较可观的。煤层有机硫的聚集是一个逐渐累积的过程，从成煤植物死亡开始一直持续到成岩变质阶段，受控因素是多方面的。从沉积盆地发育的宏观控制来说，古构造特征、海平面升降、沉积体系的变化、沉积物源特征及其供应等对其均有重要影响，其中泥炭沼泽环境起着十分重要的作用，因为它控制着硫源以及硫酸盐还原菌的活动性，进而影响硫质量分数的高低。一般陆相煤的硫含量较低，而海相煤的硫含量较高。这是因为在海相还原环境下，海水中的硫酸根被还原形成硫铁矿进入煤层。此外，海相植物本身的含硫量较高。

C. 成煤过程中有机硫的形成机理

沼泽水介质中 SO_4^{2-} 的含量和介质的 pH 值是影响泥炭硫含量的主要因素。海水中的 SO_4^{2-} 为海相泥炭提供了丰富的硫源，同时海水具有弱碱性，经常被海水淹没的泥炭的 pH 值为 7.0 ~ 8.5，这种介质条件对硫酸盐还原菌和许多微生物的活动都有利（最有利的生存条件的 pH 值为 6.5 ~ 8.3）。据研究，硫酸盐还原菌最宜在 pH 值为 7.0 ~ 7.8 的弱碱性条件下生存，亦可在 pH 值为 5.5 ~ 9.0 条件下生存。硫酸盐还原菌利用泥炭中大量的有机

质把海水中的 SO_4^{2-} SO_4^{2-} 还原成 H_2S，经复杂的物理化学作用，H_2S 能与 Fe^{2+} 结合，最终形成黄铁矿。而内陆淡水中的 SO_4^{2-} 含量平均为海水的 1/200，且淡水沼泽多呈酸性（PH < 4），不利于硫酸盐还原菌的生存，故淡水泥炭中所形成的 H_2S 少，黄铁矿及全硫含量都不高，这也是淡水沼泽所形成的煤一般为低硫煤，且主要来自成煤原始植物的原因。研究表明，当泥炭顶板为海相沉积时，能增加其下部泥炭硫的含量。海水渗入淡水泥炭时，可增加淡水泥炭有机硫的含量。可见泥炭沼泽被上覆的沉积物覆盖后，上部沉积介质中的 SO_4^{2-} 也会渗入泥炭，在成煤过程中转变为煤中的硫。泥炭上覆沉积介质中的硫也是煤中硫的来源之一。

②煤中黄铁矿的来源

A. 原料来源

煤系沉积岩中黄铁矿的形成主要受控于可被还原菌利用的有机质含量、活性铁的含量和 SO_4^{2-} 的丰度，这些因素也同样决定着有机硫的形成。众所周知，活性铁离子与有机质相比对还原硫有更大的竞争能力，当存在铁离子的情况下，硫离子会优先与其结合形成硫化铁矿物，只有在铁离子不足的情况下，多余的 H_2S 才结合进入有机分子。由于海水本身所含铁离子的浓度很小，所以大量的铁应来自陆源区，一般通过水流以黏土矿物等方式搬运至沼泽中。与黏土伴生的铁，在形成矿物的情况下能保持稳定，但随着环境条件，尤其是 pH 和 Eh 值的变化，铁可以从黏土矿物中迁出，如 pH 值增高，Eh 值下降，Fe^{3+} 会还原为 Fe^{2+}，从而引起铁的迁移，也可能是其他元素与铁离子发生离子交换反应，还可能是晶格随着环境的改变而变得不稳定，从而引起铁的迁出。只有一部分以低价存在的可溶于盐酸的 Fe^{2+} 才能与 H_2S 反应生成黄铁矿，或通过 FeS 的形式最终转化为黄铁矿。所以水溶液中是否有可被利用的活性铁离子是黄铁矿得以聚集的重要因素。

B. 成煤过程中黄铁矿的形成机理

黄铁矿的形成极为复杂，一般具有 SO_4^{2-}、Fe^{2+} 及有机质三要素，且多数要经历几个阶段。首先是有机质与硫酸反应生成 H_2S，H_2S 与沉积物中的铁反应生成四方硫铁矿 FeS（即硫铁矿的前驱物）。

上述过程在低温浅埋藏条件下还原菌的还原作用才能实现。黄铁矿的形成是一个渐进的过程，煤中各类黄铁矿的共存是不同演化阶段的产物，但其形成都需有硫酸盐的供给、沉淀物中有利于细菌活动的厌氧条件及维持硫酸盐还原菌生成的有机质与铁的供给。还有学者认为泥炭沼泽中大量的植物遗体腐殖质与腐植酸，为硫酸盐还原细菌提供了能量。而在硫酸盐丰富、Fe^{2+}供给充足的环境下，形成高黄铁矿含量的煤。

（二）煤中有机质元素的测定

1. 碳、氢元素的测定

（1）燃烧法测定煤中的碳、氢含量

燃烧法是目前测定煤中碳、氢含量最通用的方法，其基本原理是：将盛有定量煤样的瓷舟放入燃烧管内，通入氧气，在850℃的温度下使煤样充分燃烧。煤样中的碳和氢分别生成二氧化碳和水，分别用吸水剂（氯化钙或过氯酸镁）和二氧化碳吸收剂（碱石棉、钠石灰）吸收。根据吸收剂的增重计算出煤中碳和氢的百分含量。

为了防止煤样燃烧不完全，在燃烧管中要充填线状氧化铜或高锰酸银，可将未燃烧完全的CO、CH_4等氧化完全。为避免煤中硫形成的SO_x和氯被二氧化碳吸收剂吸收误为二氧化碳，燃烧管内还要充填铬酸铅和银丝卷（若前面用高锰酸银，则银丝卷可不用）。铬酸铅可与SO_x反应生成硫酸铅，被固定在铬酸铅内，不随气流进入二氧化碳吸收管。氯则与银反应生成氯化银而被固定。另外，煤中的氮会生成NCX影响碳的测定，可以在二氧化碳吸收管前加充填有粒状MnO_2的吸收管以除去它的干扰。

（2）电量—重量法测定煤中的碳、氢含量

煤样在800℃、有催化剂存在的条件下于氧气流中燃烧，煤中氢燃烧生成的水进入Pt—R_2O_5电解池与五氧化二磷反应生成偏磷酸，电解偏磷酸，当电解电流降至终点电流时，终止电解，通过电解消耗的电量计算氢的含量，计算时应扣除煤样中水分的影响。煤中碳燃烧生成的CO_2由吸收剂吸收并计重，可以计算出碳的含量。杂质的脱除与二节炉法类似。

（3）库仑法自动测定煤中的碳、氢含量

煤样在800℃、有催化剂存在的条件下于氧气流中燃烧，氢燃烧生成的水由 Pt—R$_2$O$_5$ 电解池吸收并电解；碳燃烧生成的二氧化碳与氢氧化锂反应生成的水由 Pt—R$_2$O$_5$ 电解池吸收并电解。根据电解水所消耗的电量按照法拉第电解定律分别计算煤样中氢和碳的含量。为防止硫、氯、氮对碳测定的干扰，在燃烧管内由高锰酸银热分解产物除去硫氧化物和氯气；由粒状二氧化锰除去氮氧化物。全自动碳氢分析仪采用控制电流库仑分析法。反应生成的水进入 Pt—R$_2$O$_5$ 电解池与五氧化二磷反应生成偏磷酸，电解偏磷酸，当电解电流降至终点电流时，终止电解。单片计算机对电解过程所消耗的电量进行积分，并实时将电量积分值转换为碳和氢的质量（mg）显示出来，最后显示碳和氢的百分含量，并将测定结果打印出来。GB/T 476—2008 中未列入该法。

2. 氮元素的测定

世界各国基本上都采用开氏法测定煤中的氮元素含量，其机理目前尚无定论。此法不能保证测定出全部的氮，但已经足够准确了。其基本原理和步骤是：首先在催化剂的作用下，将煤样在沸腾的浓硫酸中进行硝化反应，煤中的碳、氢被氧化成二氧化碳和水，氮的极大部分被转化成氨并与硫酸反应生成硫酸氢铵；然后在上述反应液中加入过量的氢氧化钠中和硫酸，并使铵盐转化为氢氧化铵；第三步是将前一步的反应液用水蒸气加热，将氢氧化铵分解为氨，并被汽提蒸馏出来，在另一个有吸收剂（硼酸溶液或稀硫酸溶液）的三角瓶中被吸收；最后通过酸碱滴定，计算出氮的含量。

3. 氧元素的测定

迄今为止，煤中氧元素含量的测定方法还不十分成熟，其中较可靠的是舒兹法。其基本原理是：有机物在纯氮气流中于 1 120℃的高温下裂解，纯碳与析出产物中有机结合态的氧和部分可能存在于水中的氧反应生成 CO$_2$，CO 与五氧化二碘定量反应，析出当量的碘，此时 CO 转化为 CO$_2$。根据析出的碘量或 CO$_2$ 的量即可计算出试样中原有的氧含量。碘用 Na$_2$S$_2$O$_3$ 滴定法定量，CO$_2$ 通过重量法或酸碱滴定法定量。由于此法所用的仪器设备和操作步骤都较为繁杂，实际上较少使用。实用上氧元素含量一般采用"差减法"获得，即将煤的水分、灰分、碳、氢、氮和硫测定出来，再利用下式计算：

$$O_{ad} = 100 - \left(M_{ad} + A_{ad} + S_{t,ad} + C_{ad} + H_{ad} + N_{ad} \right) \quad (1-10)$$

1. 硫元素的测定

（1）艾氏卡法测定煤中的全硫含量

该方法是德国人艾氏卡于 1876 年制定的经典方法，迄今为止，它仍然是世界各国通用的测定煤中全硫含量的标准方法。其特点是精确度高，成熟可靠，适合成批测定，但耗时长，不适合单个试样的测定。

艾氏卡法的基本原理：将一般分析试验煤样与艾氏试剂 2 份轻质 MgO 和 1 份 Na_2CO（混合而成）混合后缓慢加热到 850℃，使煤中的硫全部转换为可溶于水的硫酸钠和硫酸镁。冷却后用热水将硫酸盐从熔融物中全部浸取出来，在滤液中加入氯化钡，使硫酸盐全部转化为硫酸钡沉淀。过滤并洗涤硫酸钡沉淀，然后在堪堪中干燥、灰化滤纸。称量硫酸切的质量，即可计算出煤中全硫含量。

（2）高温燃烧中和法测定煤中的全硫含量

与艾氏卡法比较，高温燃烧中和法的特点是测定速度快，一般在 20 ~ 30 min 内即可获得结果，同时还可测定出煤样中的氯含量。

高温燃烧中和法的基本原理是：煤样和催化剂（三氧化钨）一起在氧气流中完全燃烧，使煤中各形态的硫全部转化成二氧化硫和三氧化硫，用过氧化氢溶液吸收二氧化硫和三氧化硫，生成硫酸溶液。用氢氧化钠标准溶液中和滴定，根据氢氧化钠的消耗量，计算出煤中硫的含量。

煤燃烧时，煤中的氯生成氯气，或在过氧化氢的作用下生成盐酸。用氢氧化钠滴定硫酸时，生成的盐酸也与氢氧化钠反应生成 NaCl，多消耗了氢氧化钠标准溶液，计算全硫含量时应扣除这部分氢氧化钠的量。由于 NaCl 可与羟基氰化汞反应再生成氢氧化钠，再用硫酸标准溶液滴定，即可计算出与盐酸反应的氢氧化钠的量。扣除后，即可计算出全硫含量，同时还可以得到氯含量。

（3）库仑滴定法测定煤中的全硫含量

基本原理：将一定量煤样（有三氧化钨催化剂存在）置于 1 150℃洁净的空气流中燃烧，煤中各形态的硫转化为二氧化硫和少量的三氧化硫，并随燃烧气体一起进入电解池。二氧化硫与水化合生成亚硫酸，电解液中的碘立刻与亚硫酸反应，将其氧化生成硫酸，I_2 被还原为 I^-：

$$I_2 + H_2SO_3 + H_2O \rightarrow 2I^- + H_2SO_4 + 2H^+$$

由于碘离子的生成，碘离子的浓度增大，使电解液中的碘—碘化钾电对的电位平衡遭到破坏。此时，仪器立即自动电解，使碘离子生成碘，以恢复电位平衡。电极反应如下：

阳极：$2I^- - 2e \rightarrow I_2$

阴极：$2H^+ + 2e \rightarrow H_2 \uparrow$

燃烧气体中二氧化硫的量越多，上述反应中消耗的碘就越多，电解消耗的电量就越大。当亚硫酸全部被氧化为硫酸时，根据电解碘离子生成碘所消耗的电量，由法拉第电解定律，可计算出煤中全硫质量。

$$w = \frac{q \times 16 \times 1000 \times f}{96500}$$

式中 w——煤样中硫的质量，mg；

q——电解滴定消耗的电量，C；

f——校正系数，与仪器特性有关，由仪器生产厂实验确定。

由于少量三氧化硫的生成（根据化学平衡计算，约占3%），在电解时并不能使 $I_2 - I^-$ 平衡破坏，电解也就不会发生。这样，这部分硫就反应不出来，使测值偏低。此外，在实验中并非全部的二氧化硫都能进入电解池，一部分吸附在进入电解池之前的管路上，也使测值偏低。因此，公式中引入校正系数 f，对电量进行校正。这个校正系数已经体现在仪器显示的数据中，无需再行校正计算。

库仑滴定法是一种快速测定煤中全硫的有效方法，得到了十分广泛的应用，但使用中需要注意以下几点，否则会带来较大误差：①燃烧炉的温度必须严格控制，若炉温低于设定值，煤样中硫转化不完全，测定结果偏低，因此应定期用标准热电偶进行检定；②适时更换电解液，pH 值不能低于1；③由于煤的全硫含量变化太大，最好定期用标准煤标定仪器，并按硫含量的高低分段测定校正系数；④电极表面要及时清洗，保持清洁。

（4）盐酸萃取法测定煤中的硫酸盐硫

由于硫酸盐能溶于稀盐酸，而硫铁矿硫和有机硫不溶且不与稀盐酸反应，因此可用稀盐酸萃取法测定煤中硫酸盐硫的含量。

方法要点：将一般分析试验煤样与稀盐酸混合，煮沸 30 min 后过滤，得到盐酸浸取液；调整其酸度，加入氯化钡，生成硫酸钡沉淀。根据硫酸朝的质量，计算出煤中硫酸盐硫的含量。

$$S_{s,ad} = \frac{(m_1 - m_0) \times 0.1374}{m} \times 100$$

式中 $S_{s,ad}$——空气干燥基硫酸盐硫的含量，%；

m——一般分析试验煤样的质量，g；

m_1——测定的硫酸钡的质量，g；

m_0——空白试验硫酸钡的质量，g；

0.137 4——由硫酸钡换算成硫的折算系数。

（5）硝酸氧化法测定煤中的硫铁矿硫

将定量的一般分析试验煤样用稀硝酸氧化、浸取，煤中的硫铁矿硫被氧化成硫酸盐，同时，煤中原有的硫酸盐也进入溶液。用测定硫酸盐硫的方法测定此时溶液中的硫含量，扣除煤中原有硫酸盐硫的含量，即为煤中硫铁矿硫的含量。

（6）差值法计算煤中有机硫的含量

$$S_{0, ad} = S_{t\ ad} - \left(S_{p\ ad} + S_{s\ ad} \right) \quad （1-11）$$

二、煤中有机质的族组成

（一）煤有机质族组成的概念

煤的族组成是指在一定条件下，对煤的分子结构未加破坏的情况下，进行分子分离后得到的组成。通常利用的手段就是溶剂抽提（或称溶剂萃取），即通过对煤有一定溶解能力的溶剂进行抽提分离。通过不同溶解能力的溶剂分级处理，可以得到一组组成不同的组分。虽然同一溶剂抽提得到的组分结构类似、性质接近，但也不是纯净组分，仍然是一族的混合物，因此，这种组分称为煤的族组成。

较早开展煤族组分分离的是 Wheeler 等，他们使用吡啶抽提原煤，将原煤分离成残渣和吡啶可溶物，然后以氯仿为溶剂将吡啶可溶物分离成氯仿不溶物和可溶物，再以石油醚将可溶物分离成石油醚不溶物和可溶物，以乙醚将石油髓不溶物分离成乙醚不溶物和可溶物，最后以丙酮将乙醚不溶物分离成丙酮可溶物和不溶物。该法虽然可以将煤有机质分离成 6 种族组分，但各族组分都是在吡啶可溶物中进行的，而吡啶可溶物所占比例不大，因此真正构成煤主体的部分并没有得到分离。

（二）抽提溶剂和抽提方法

1. 抽提溶剂

溶剂抽提法是研究煤的组成、结构的最早方法之一。早在 20 世纪初，费雪尔（Fischer）、彭恩（Bonn）和惠勒（Wheeler）等相继采用溶剂抽提法试图从炼焦煤中分离出结焦要素。随后，大量的研究工作转向通过研究溶剂抽提物来阐明煤的结构。该方法的优点是在基本上不破坏煤有机质结构的情况下，研究各种溶剂抽出物及其残渣的组成、结构和性质，从而推测煤大分子的组成和结构。

煤的溶剂抽提也用在工业生产过程中。如抽提某些泥炭、褐煤可以得到泥炭蜡、褐煤蜡；用碱性溶液抽提泥炭、褐煤及风化煤可以得到腐植酸钠等；用有机溶剂抽提炼焦煤，可以研究黏结成分和不黏结成分的数量和性质，以此指导炼焦生产过程；有机溶剂抽提用于煤的液化，获得燃料油；溶剂抽提还应用于煤的脱灰，制备超纯煤。

因此，煤的抽提既有理论意义，也有实用价值，是煤化学和煤化工的一个重要研究领域。常用的有机溶剂大致可分为：

（1）中性溶剂：脂肪烃类——石油醚；

芳香烃类——四氢萘、苯、甲苯、二甲苯等；含氧化合物——乙醇、乙醚、丙酮等；含氯化合物——氯仿（$CHCl_3$）、四氯化碳；

（2）碱性溶剂：含氮化合物——吡啶、喹啉等；

（3）酸性溶剂：各种酚类；

（4）混合溶剂：二硫化碳—N–甲基–2–U 吡咯烷酮等。

迄今为止，煤科学研究者已筛选了几十种煤的抽提溶剂，但其中大部分抽提率都不高，仅吡啶（Py）、乙二胺、二甲基甲酰胺、环己酮、N–甲基–2–吡咯烷酮（NMP）等少数溶剂的抽提率较高。

2. 抽提方法

有人按抽提条件不同将抽提方法分为以下五类。

（1）常规抽提：在 100℃以下，采用一般溶剂（苯、乙醇等）抽提时，抽出物仅占煤的百分之几，抽出物是由树脂和树蜡所组成的物质，不是煤的代表性成分。

（2）特殊抽提：在 200℃以下，用亲核性的溶剂（具有给予电子性质的胺类、酚类及爆基类溶剂）抽提时，抽出物占煤的 20%～40%。其抽出物与煤有机质的基本结构单元类似，对煤的结构研究是重要的。在此条件下，抽提纯属物理过程。

（3）抽提热解：在 200℃以上，有时在 300℃或 350℃以下，用菲、β - 萘酚、蒽油、沥青等进行抽提时，甚至能得到 90%以上的抽出物。抽出物是煤本身受到某种程度的热分解后所抽提出来的物质。采用这种方法主要是工业性的目的，例如制取膨润煤等。

（4）化学抽提氢解：在 300℃以上，采用供氢溶剂（四氢萘、氢化菲等，它们既较易给出氢、又较易从压那里得到氢），将煤在加氢分解的同时进行抽提。

（5）超临界抽提：以甲苯、异丙醇或水为溶剂在超过溶剂临界点的条件下抽提煤。抽提温度一般在 400℃左右。抽提率可达 30%以上，它已发展成为一种煤液化工艺。

3. 抽提过程中的影响因素和强化

影响抽提主要有三方面的因素；煤本身的化学结构及其分子间的相互作用力；抽提溶剂体系的性质；抽提过程中的传质速率。这三方面相互作用影响抽提收率和速率。从抽提溶剂的性质来看，对煤有较强溶解能力的抽提溶剂体系能有效地削弱煤分子间的作用力，并对可抽提物有较强的溶解能力。尽管可以通过溶解度参数、表面张力或溶剂的供电子、受电子能力判断一个溶剂体系的优劣，但由于实际情况往往十分复杂，影响因素甚多，因此，这些理论也只能作为选择溶剂体系时的参考。抽提过程中的传质速率主要取决于渗透与扩散效应。溶剂只有渗透到煤的微孔结构中，才能与可溶物发生作用；溶解于溶剂中的可溶物只有快速向外扩散，溶解才能继续进行，因此影响传质的因素主要有煤粒度、煤中孔隙的大小、溶煤比、溶剂的表面张力和黏度、溶解温度和压力、溶剂在微孔中的湍流度等。提高煤的孔隙率、溶煤比、溶解温度和溶剂在微孔中的湍流度，降低煤粒度、溶剂的表面张力、黏度和溶解压力有助于提高煤的溶剂抽提速率。根据抽提过程中的影响因素，有以下几种强化手段。

（1）超声波辅助抽提

利用超声波在煤微孔内的溶液中发生的空化作用，提高溶剂在微孔中的湍流度，从而加大了抽提过程中的传质速率，缩短了抽提操作时间，提高了装置的处理能力。C.G.Blanco 等利用苯等 8 种溶剂提取油页岩中的沥青质为对象，对比超声波辅助浸取法和 Soxhlet 浸取法，发现超声浸取法 2 h 的浸取得率与 Soxhlet 浸取法 48 h 的浸取得率相同。M.P.Klotzkin 研究超声场对溶剂处理煤过程的影响，实验采用多种不同溶剂对不同型号的烟煤进行抽提，其后采用氮气及二氧化碳吸附法测定抽提后的烟煤中微孔表面积的大小。结果表明，经超声抽提 3 h 后烟煤中微孔表面积大于 Soxhlet 抽提的 24 h 后烟煤中微孔表面积。

（2）降低溶剂黏度

降低溶剂黏度有助于提高抽提溶剂的渗透与扩散能力，从而提高溶剂的抽提率，加大抽提过程中的传质速率。有机溶剂加入 CS_2 主要作用之一就是降低了溶剂的黏度，使溶剂的渗透和扩散变得较为容易，显著提高了抽提率。当单独使用 NMP 对煤进行抽提时，室温下抽提率仅为 9.3%，而用 CS_2-NMP（体积比 1：1）混合溶剂在相同条件下抽提，抽提率则达到了 55.9%。

此外，适当提高抽提温度、利用一定的方法提高煤中孔隙的大小均可强化溶剂抽提过程。

（三）煤的常规抽提

1. 褐煤的苯—乙醇抽提

以 1：1 的苯和乙醇混合溶液在沸点下抽提褐煤，所得抽提物称为沥青。它是由树脂、树蜡和少量的沥青构成的复杂混合物。再用丙酮抽提时，可溶物为树脂和地沥青，不溶物为树蜡。来源于褐煤的树蜡称为褐煤蜡，又称蒙旦蜡。树脂中含有饱和的与不饱和的高级脂肪烃、萜烯类、羟基酸等化合物。褐煤蜡基本上由高级脂肪酸（$C_{14} \sim C_{32}$ 以上）和高级脂肪醇（$C_{20} \sim C_{30}$ 以上）的酯以及游离的脂肪酸、脂肪醇和长链烷烃等构成。它具有熔点高、化学稳定性高、防水性好、导电性低、强度较高和表面光亮等优点，故应用范围很广，可用于精密铸造，其性能优于硬脂酸，还可用于电线电缆工业以及制造复写纸、鞋油、地板蜡、有色铅笔和金属擦亮剂等。树脂在很多场合可代替松香使用，在电气工业中用于浇注，生产黑色硝基清漆以及用作矿石浮选剂和铸造泥芯黏结剂等。

由于褐煤蜡在工业上有广泛应用，所以含蜡高的褐煤是一种宝贵的资源。我国云南寻甸和潦浒褐煤的含蜡量（干燥基）近 10%，德国的蒙旦褐煤含蜡量高达 20% 以上。

2. 氯仿抽提

为研究煤的黏结机理，对煤的氯仿抽提已进行过不少研究。原煤用氯仿抽提时，抽提率不到 1%，经快速预热、钠—液氨处理和乙烯化后，抽提率明显增加。由于黏结性好的煤经预热后，氯仿抽提率增高，抽提率在中等变质程度烟煤处出现最高点，所以，有不少研究者力图找出黏结性和氯仿抽提率之间的相关性。

（四）煤的特殊抽提

最常用的溶剂是吡啶、有机胺类和 N-甲基-2-吡咯烷酮等。用这些溶剂抽提时，虽然煤的有机质尚未发生热解反应，但从抽提物和抽余煤中很难完全分离出溶剂，说明有少量溶剂分子已与煤的有机质发生了键合反应。

（五）煤的超临界抽提

超临界气体抽提是基于在压缩气体存在时，物质自由蒸发的能力提高了。理论表明气体溶解某些物质的能力随气体的密度增大而增加。对一定的气体来说，施加一定的压力，在其临界温度时密度最大。因此，进行抽提的温度应稍高于所选择抽提气体的临界温度，所以称为超临界抽提。挥发性小的物质与具有超临界状态的溶剂相接触，能使物质的蒸气压增大，向超临界状态的气体中溶解和气化。在合适的条件下，挥发度可提高 10 000 倍。因此，此法能在温度比其正常沸点低得多时抽提低挥发度的物质。

此技术很适于抽提煤在 400℃左右加热时形成的液体。超临界气体提供了一个回收此液体的方法，因为它们是在低温下进行的，避免了不必要的热分解和缩聚。

煤焦油或石脑油馏分的普通烃类液体的临界温度范围为 315～400℃，适用于煤的气体抽提。回收蒸发物质最简单的方法是把气相移到另一降低压力的容器内，降低了"溶剂"气体的密度，因而使之"溶解能力"降低，固体将沉淀下来被回收，剩下的"溶剂"气体被循环使用。

英国国家煤炭局（NCB）在 Cheltenham 的煤研究部（CRE）研究了在超临界条件下用有机溶剂直接抽提煤。在约 400℃、10 MPa 下，以甲苯为溶剂抽提出煤料中 1/3 的组分，剩余煤作为固体回收，气体和液体产率很小。

抽提物为一低熔点玻璃状固体，其软化点（环球法）约 70 P（与煤焦油中温沥青相近），基本无矿物质和溶剂。

与多数的煤转化过程相比，煤的超临界抽提有许多潜在优点：

1. 不必供给高压气体，抽提介质像液体而不像气体那样被压缩，压缩能量低；

2. 煤抽提物含氢多，相对分子质量比用原油得到的低，更容易转化为燃油和化学品；

3. 残渣为非黏结性的多孔固体，并有适量的挥发分，反应性好，是理想的气化原料，并适宜在流化燃烧情况下用作电站燃料；

4. 抽提时仅有固体和蒸气相，所以残渣易与溶剂分离，避免了通常煤液化时高黏流体的过滤。

第二章 煤基炭素材料

第一节 碳材料原料

一、生产炭素制品的原料

炭素制品的原料种类很多，通常分为两类，用作骨架材料（简称骨料或骨材）的固体原料和用作黏结剂的液体原料。

（一）固体原料

作为骨架材料的固体原料有石油焦、无烟煤、冶金焦、沥青焦、炭黑和针状沥青焦等。

1. 石油焦

石油焦是石油渣油延迟焦化的产物。它具有石墨化性能好、纯度高、膨胀系数小、各向异性因数大等特点，是生产石墨化电极和反应堆石墨砌体等制品的主要原料。其制品导电性好，耐热冲击性好。

2. 无烟煤

无烟煤是生产炭块、炭素电极、电极糊等多灰产品的主要原料。优质低灰的无烟煤经过精选后也能生产石墨化电极。无烟煤与沥青焦、冶金焦相比，其机械强度较低，在高温下煅烧易碎裂，一般不单独使用，而常与冶金焦和沥青焦配合使用。

由于成煤的条件和变质程度不同，各种无烟煤的质量差别很大。有的结构较为致密，经热加工后，其导电性能良好；有些产地的无烟煤较易石墨化；有的无烟煤在矿井中具有一定强度，多数呈块状，但运到地面后就风化为粉状，这种无烟煤不能作为生产炭素制品的原料。作为炭素制品的原料必须是低灰、强度大的块状无烟煤，生产电极糊的无烟煤质量指标如下：灰分不大于 10%；硫分不大于 2.0%；水分不大于 3.0%；抗磨强度（经滚磨后大于 40 mm 的颗粒）不少于 35%。

3. 冶金焦

冶金焦是烟煤干馏的产物。它是生产炭块、炭素电极和糊类制品等多灰产品的主要原料。冶金焦的灰分较高，在 10% 以上，不易石墨化，导电性能也比沥青焦差。

由于冶金焦的成焦温度在 1 000℃ 以上，因此，在炭素制品生产中，它可以不经煅烧，只烘干其水分后即可使用。

4. 沥青焦

沥青焦是煤沥青焦化的产物。它是生产石墨化电极、阳极糊等少灰制品的原料之一，其特点是含灰分低、含硫分低、含碳量高（可达 99% 左右）、机械强度大和易石墨化。因此，在一般石墨化制品的生产中，都按一定比例使用沥青焦。

由于沥青焦的成焦温度高达 1 100℃ 以上，故一般在使用前不必经过燃烧，只需烘干脱水即可使用。但有时考虑沥青焦的焦化程度不均匀，需经过二次煅烧，使其质量均匀化。

国产沥青焦质量指标如下：灰分不大于 0.5%；硫分不大于 0.5%；挥发分不大于 1.0%；水分不大于 3.0%，小于 25 mm 颗粒含量不大于 4.0%；真密度 2.0 g/cm^3 以上。

5. 针状沥青焦

针状沥青焦又称针状焦或优质焦，是近几年发展起来的一种新型的易石墨化的优质炭素固体原料。它是石油工业的副产品，近几年采用煤沥青或用煤沥青和石油产品的混合物做原料制针状沥青焦。针状沥青焦主要用于制造超高功率电炉炼钢用的石墨电极。

针状沥青焦燃烧品的外观具有明显的针状乃至层状结构，且经焙烧、石墨化处理后，它的使用性能优越。用针状沥青焦生产的石墨电极具有异向性强、机械强度高、导电性能和抗热震性能好等特点。

6. 炭黑

炭黑通常是用甲烷制取，但也有用煤焦油及其重质馏分在空气不足的条件下燃烧热解制得。它是生产硬质电化石墨电刷和弧光炭棒等产品的主要原料之一。

由于炭黑具有很高的纯度（含灰量小于 0.3%）、极细的粒度（颗粒直径小于 0.1；μm）和碳原子排列的不规则性，以炭黑为主要原料生产出来的炭素制品具有各向同性、电阻系数大、机械强度高和纯度高等特点。在制造高密度制品时可加入少量炭黑，用它来填充焦炭颗粒间的微小空隙。但是，炭黑难于石墨化，即使在 2 800℃高温下，也只能部分石墨化。因此，应按使用要求，合理地配料，一般不宜掺得过多。

研究证明：碳含量 80% 左右的烟煤也能生产炭素制品，其产品具有真密度小、电阻大和机械强度高等特点。

（二）液体原料

作为黏结剂的液体原料一般是煤焦油、蒽油和煤沥青。

煤焦油和蒽油在炭素制品生产中，主要用来调节煤沥青的软化点。如生产某种炭素制品，要求黏结剂的软化点为 55℃，而使用的中温沥青的软化点为 65 ～ 75℃，这时，在沥青中加入 15% ～ 20% 的煤焦油，就可使黏结剂的软化点下降到 55℃左右。当某些制品需要浸焙时，有时为了降低煤沥青的黏度，也会加入一定数量的煤焦油或蒽油，即可降低这种浸渍剂的黏度，并提高它的流动性，从而有利于浸渍剂浸入到制品的气孔中去。

煤沥青是生产各种炭制品和石墨制品的黏结剂。煤沥青和固体粉料在加热状态下搅拌混合，其混合料具有塑性，并在一定压力下能够成型为具有一定形状的制品。该制品稍经冷却后即硬化，保持其成型时的形状。当把这种制品在一定条件下焙烧时，煤沥青就逐渐分解、聚合和炭化，并把周围的固体颗粒牢固地黏结在一起，形成一个炭的整体，并具有结构强度。

目前大多数炭素厂使用中温沥青（其软化点为 65 ～ 80℃）做黏结剂，也有少数企业使用硬沥青（其软化点为 120 ～ 150℃）和软沥青（其软化点为 52 ～ 56℃）。随着软化点的升高，沥青中固定碳含量也随之增加，用它生产的产品质量较好。

二、炭素制品的生产

由无烟煤等为原料制备炭素制品，一般包括以下几个步骤。

（一）煅烧

将粗碎过的原料（50 ~ 70 mm），在隔绝空气或空气很少的条件下进行高温处理。其目的是除去原料中的水分（要求脱至水分 < 0.3%）和挥发分（要求脱至挥发分 V 0.3%），提高原料的密度、机械强度和导电性能。由于原料在煅烧过程中，不仅脱除水分和挥发分，而且还发生复杂的分解和缩聚反应，分子结构不断变化，使原料体积产生相当大的收缩，结构趋于紧密，从而提高原料的密度、机械强度和导电性能。用煅烧后的原料作为炭制品和石墨制品的骨架材料，可以使最终产品的质量得到保证。如果原料不经煅烧，成型后的毛坯在焙烧过程中收缩大，颗粒之间容易破裂，结果导致产品出现裂缝，因而降低产品的机械强度。

煅烧温度对其制品的性能有很大影响。如燃烧温度低，则制品在焙烧和石墨化时收缩率大，将引起制品的变形或开裂；但如果燃烧温度过高，制品在焙烧和石墨化时收缩率小，其收缩仅靠黏合剂提供，将使制品结构疏松，机械强度低。因此，煅烧温度一般控制在 1 200 ~ 1 400℃范围内，不应低于 1 100℃。

目前国内外通用的燃烧炉有：缸式燃烧炉、回转窑和电热煅烧炉等。

（二）配料

配料前需将燃烧后的大块原料破碎并筛分成几个粒级，以便各粒级按一定比例进行配料。配料的目的是提高成品的质量和成品率。配料包括以下三个方面。

1. 原料选择和不同种类原料的比例确定

原料选择的依据是产品的使用要求与质量指标。对制造纯度较高的制品要选用含灰量低的原料。一般高纯炭素材料如核石墨、真空高温电炉的发热、耐热元件、高纯金属铸模、火箭喷嘴等，除要求纯度外，还需有较高的热稳定性和机械强度等特性，故应选择含灰量低、机械强度高和易石墨化的原料，一般选用石油焦。但由于其制品的机械强度较低，通常在石油焦中掺部分沥青焦，以提高制品的强度。对制造小尺寸的高纯炭素制品，如果机械强度要求很高，则可以加入少量的炭黑，以提高制品的强度。对制造超高功率电炉炼钢用的石墨化电极，要求有好的导电性能和高的机械强度，采用针状沥青焦做原料。对制造纯度不很高的炭素制品如铝电解槽侧块、底块、高炉炭砖和粗细缝糊等，可用无烟煤、冶金焦做原料。由于单独用无烟煤生产的制品强度较低，故一般采用与冶金焦、沥青焦配合使用。

总之，由于各种原料的特性不同，各有其优缺点。为了使制品具有多种功能，必须使用多组分的组合原料，恰如其分地按一定比例将多种原料进行混合，使其取长补短，制造出高质量的炭素制品。各种原料的配比应通过试验来确定。

2. 骨料粒度组成的确定

为了获得最大容重的混合物，使制品具有尽可能高的密度、较小的孔度和足够机械强度，必须把大小不同的颗粒按比例混合，使大颗粒之间的孔隙由较小的中颗粒填充，而中颗粒之间的孔隙由细颗粒填充，而且各颗粒之间的孔隙还可以由粉料来填充。粒度上限和各粒级必须根据制品的尺寸、技术条件和使用情况通过试验进行确定。

3. 选择黏结剂

生产炭素制品加入黏结剂的目的是使作为骨料的各颗粒表面，都附着一层沥青薄膜而黏结在一起，混捏后的热糊料有良好的可塑性，便于成型，而成型后的毛坯在焙烧过程中，由于黏结剂本身焦化而生成沥青焦，把骨料颗粒牢固地联结成一个整体。

各种炭素制品的质量和物理机械特性，在很大程度上取决于黏结剂的性质。因此，黏结剂的选择视成型方式、成型设备和制品的用途而定。对一般制品，无论挤压或模压，大都采用中温煤沥青或中温煤沥青与蒽油、煤焦油的混合物，以降低其软化点。对于高强度、高密度模压制品，目前倾向于使用高温沥青（软化点达110℃）。而某些炭黑基制品用辐压代替热混合时，可采用软化点达120～150℃的硬沥青。选择黏结剂要合适，黏结剂应具有较高的含碳量和残炭率，同时价格低廉，可大量供给。

黏结剂用量也要适当，过多过少对物料的塑性、成型和焙烧均有很大的影响。若用量过少，物料塑性差，压块开裂；若用量过多，物料流动性太大，压块易变形，同时焙烧时制品表面黏附严重。

固态煤沥青需熔化成液体，并使其水分降低至0.2%以下和除去杂质后再使用。

（三）混捏

混捏主要是使配好的多组分骨料、粉料和黏结剂混合均匀，形成宏观上均一的结构；同时使原料压实，提高其密度，并具有塑性，便于成型。混捏过程进行得越完善，制品的结构就越均匀，性能就越稳定。

目前炭素工业中通用的混捏机有：搅刀混捏机——适用于带黏结剂的热混捏；螺旋连续混捏机多用于制备阳极糊；鼓形混合机——用于不带黏结剂的冷混合。

在细颗粒制品生产中，使用细粉或超细粉（如炭黑）干料，只通过热混捏还不能使黏合剂充分均匀地分布在所有粉末表面，其糊料达不到最佳的塑性，在挤压时易产生裂纹，为此，经热混捏后还需采用热辐压。

在热混捏过程中，要注意混捏温度和时间对糊料均匀混合的影响。因沥青和糊料的流变性能对温度有很高的敏感性，故混捏机内的温度分布要均匀，而且最适宜的混捏温度是高于沥青软化点一倍左右。因为在此温度下，沥青对碳粉的浸润性能最好。另外热混捏时间要适宜。时间太短，糊料混合不均匀；而时间过长，将使沥青或其他黏结剂氧化，以致降低糊料的塑性和均匀性。

（四）成型

将已混捏好的糊料，压制成所需要的形状和尺寸，并具有较高密度的半成品（毛坯），以利于进一步热加工。对于商品糊料，只将混捏好的糊料，在常压下简单铸块或装入容器冷却，即得成品，不需再进一步热加工。

目前生产上采用的成型方法有模压、挤压、振动成型和静压成型等。

（五）焙烧

炭素制品的焙烧就是使毛坯中的黏结剂炭化为黏结焦的热处理过程。其方法是将毛坯装在耐火砖方槽或耐火坩埚内，毛坯周围覆盖一定要求的填充料（如河沙、焦屑或石英砂等），然后将砖槽或坩埚装入窑室内，被炽热的气流包围加热。毛坯中黏结剂在隔绝空气的情况下，进行热分解和聚合反应，直至焦化。通过焙烧，在骨料颗粒间生成黏结焦膜，将所有的骨料颗粒牢固地连接成具有一定机械强度和理化性能的整体。

压型后的毛坯由焦炭颗粒和黏结剂两部分组成，大量黏结剂（含有较多的挥发物）的存在，使毛坯不具有使用所必需的理化性能，如毛坯在常温时虽有一定强度，但性脆，不耐冲击，也不耐磨，加热到一定温度（高于沥青的软化点）即呈软化状态，极易弯曲变形。此外，毛坯的电阻大，几乎不导电。但经过焙烧后的制品，其机械强度得到提高，耐热、耐腐蚀性以及导电、导热性均变得良好。

为保证焙烧制品的质量，必须选择合理的焙烧制度。焙烧升温速度的快慢，影响黏结剂的焦炭产率及其密度。若慢速升温，黏结剂有足够的时间进行热分解和聚合反应，析焦量和焦的密度将增大，因此，制品的密度和机械性能均得到提高；同时，慢速升温能使焙烧体系形成必要的均温场，防止毛坯产生裂纹。反之，快速升温，相当多的有机物分子来不及分解和聚合便挥发出来，带走了许多原来可生成黏结焦的碳，使制品质量下降，而且焙烧体系内温差大，导致制品开裂。加热时间的长短随产品的品种、规格和所采用的升温曲线而不同，一般需 12 ~ 23 天。焙烧时，其制品达到的最高温度为 1 000 ~ 1 250℃。如需进一步石墨化的半成品，其焙烧温度可以稍低一点，但对焙烧后即作为成品的炭块或预焙阳极等产品，焙烧温度一般不应低于 1 200℃。合理的焙烧制度必须根据产品的种类、规格，通过试验来确定。

目前采用的焙烧窑有多室轮窑、隧道窑和间歇式窑等。例如：小型倒焰窑焙烧模压制品的温度制度。

炉拱温度：室温 ~ 500℃ 4 h；

500℃保温 12 h；

500 ~ 850℃ 12℃ /4 h 共 120 h；

850 ~ 1 150℃ 50℃ /4 h 共 24 h；

1 150℃保温 24 h；总计 184 h。

毛坯中的黏结剂通过焙烧，一部分分解成气体逸出，使焙烧后的制品产生一定的孔隙，一般制品的孔隙增加，其密度和机械强度下降，同时容易氧化，耐腐蚀性变差，易于被气体和液体渗透，这对某些石墨制品如石墨电极接头、用于化工设备的不透性石墨以及做耐磨材料的石墨制品等其理化性能是不利的，因此，对这类制品在石墨化前还必须进行浸焙处理。

浸焙是将焙烧后的制品置于高压釜中，在一定的温度和压力下，使某些呈液体状态的物质（即浸渍剂，如中温沥青、人造树脂、润滑剂、铅锡合金和巴氏合金等）渗透到制品的孔隙中去，然后作相应的处理——使浸渍剂炭化、固化或驱除多余浸渍剂，从而减少制品的孔度，以改善制品的质量。

浸焙不应削弱炭素制品的主要性能。如作为导电材料的炭素制品，浸渍物不应影响其导电性；作为化工机械结构材料的炭素制品，浸渍物不应降低其导热性、耐热性和化学稳定性。因此，选择浸渍剂和浸渍量时，需通过试验来确定。

高温加热是无定形碳转化为石墨的主要条件，其最高温度是根据制品的原料特性、技术条件和用途而确定的，如沥青焦要加热到 2 000℃左右才开始石墨化，到 2 300 C 左右才能达到或接近天然石墨的晶格尺寸，较为完善的石墨化要加热到 2 500℃以上，工业生产炼钢用石墨化电极的最高温度为 2 200 ~ 2 400℃，石墨化电刷为 2 400 ~ 2 800℃，高纯石墨为 2 500 ~ 3 000℃。另外，添加催化剂（如硼等）能使无定形碳在 2 000℃温度下转化为石墨。

（六）石墨化

凡生产石墨化制品，都要经过石墨化这道加工工序。石墨化就是将焙烧后的炭素制品和电阻料，按一定方法装入石墨化电炉，通电升温至 2 500℃左右，使焙烧后制品的二维乱层无定形碳转化为三维有序排列的石墨化制品的工艺过程。其目的是：①提高材料的热、电传导性；②提高材料的热稳定性和化学稳定性；③提高材料的润滑、抗磨性；④排除杂质，提高纯度；⑤降低硬度，便于进行精密的机械加工。

石墨化制品的优质原料是石油焦、沥青焦和某些经过精选的优质无烟煤。石油焦和沥青焦等是以芳烃缩合环为基本结构单元的复杂有机高分子化合物。在煅烧温度下，虽然这种以芳烃缩合环为基本结构单元的高分子化合物在平面方向不断合并，使相对分子质量越来越大，H、O、N 等元素逐渐减少，但是在许多平面状大分子之间还没有形成规律性的重叠排列，有的虽已进入排列状，但平面状大分子的层与层间距离较大，因而显现不出天然石墨那样的物理性质。

要使这些炭材转化为石墨，必须使这些焦炭中以芳香烃缩合环为基本结构单元的高分子化合物，在不断放出杂质元素后，逐渐形成六角环形片状体大分子，并使六角环形成片状体之间互相平行并重叠，相邻层间距离不断缩小，一直到石墨晶格结构相似的程度。

第二节 炭黑

一、概述

1910 年，人类发现炭黑对橡胶有显著的补强作用，在这之前炭黑主要作为着色剂使用。炭黑起源于公元前 16 世纪古埃及，当时，人们把它作为书写用的黑色颜料，而煤则作为着色剂被广泛使用。随着印刷技术的发展，炭黑的需求大幅度上升并融入了工业革命的潮流。之后，1892 年以天然气为原料在美国开始了槽法生产炭黑，1942 年确立了现在作为主流炭黑的油炉法生产技术。油炉法的特点是能生产出具有不同粒径、不同聚集体分布或者不同表面性状的炭黑，现在已能够生产出橡胶行业所需求的多种炭黑。

炭黑生产的主要原材料为煤焦油、蒽油、乙烯焦油等原料油。炭黑行业对原料油的质量要求是：芳烃含量要高，芳烃指数（BMCI）$\geqslant 120$，杂质、沥青类和胶质要少。一般来说，蒽油、防腐油和乙烯焦油是较理想的炭黑生产原材料。其中，煤焦油和蒽油为炼焦生成的副产品，乙烯焦油为石油精炼生成乙烯的副产品。国外炭黑生产企业基本用乙烯焦油做原料，国内炭黑生产企业则大多用煤焦油和蒽油做原料。

由煤焦油加工制得的炭黑，它既是橡胶制品的重要补强材料，又是油墨、塑料等行业不可缺少的原料之一，可用于着色剂、导电剂、农用黑色地膜、合成革、干电池、电碳制品、电器及电子元件、硬质合金、高纯石墨、印染、感光胶片、火药、水泥、铸造、皮革、静电复印墨粉、黑色手提袋等方面。

二、炭黑的构造

炭黑通常是以 1 mm 左右的颗粒状或者粉末状产品使用的。从化学性质上讲，炭黑是由 97% 以上的碳原子构成的，其余是约 3% 的 H 和 O 等元素。单一层石墨面的端部存在着各种各样的表面官能基团，可以采用简便的方法来定量分析这些表面官能基团。表面官能基团在制造炭黑或后处理时可以加以控制，因为它们会影响橡胶的性能。

三、炭黑的分类与命名

（一）炭黑的分类

按制造方法，炭黑可分为不完全燃烧法炭黑和热裂解法炭黑两大类。不完全燃烧法炭黑包括油炉法炭黑、气炉法炭黑、灯烟法炭黑、喷雾法炭黑、槽法炭黑、滚筒法炭黑和混气法炭黑，热裂解法炭黑包括热裂法炭黑、乙炔法炭黑和等离子体法炭黑。不完全燃烧法炭黑产量占炭黑总产量的 97% 以上，而油炉法炭黑产量和需求量均占不完全燃烧法炭黑总量的 95% 以上。

按填充胶料性能，炭黑可分为硬质炭黑和软质炭黑两大类。硬质炭黑多用于胎面胶，又称为胎面炭黑，其填充的胶料硬度较高、强伸性能和耐磨性能较好；软质炭黑多用于胎体胶，又称胎体炭黑，其填充的胶料硬度和生热较低、弹性较好。

按用途，炭黑可分为橡胶用炭黑和非橡胶用炭黑两大类。

（二）炭黑的命名

1. 橡胶用炭黑

（1）传统分类命名法

橡胶用炭黑的传统分类命名与炭黑的基本性质、补强性能和加工性能相关。

槽法炭黑是最先工业化的炭黑品种，其分为难混槽法炭黑、可混槽法炭黑和易混槽法炭黑等品种。

气炉法炭黑是继槽法炭黑之后工业化的炭黑品种，最早的品种粒径较大、补强性能逊于槽法炭黑，称为半补强炉法炭黑，后来开发了粒径较小、补强性能较好的高定伸炉法炭黑和细粒子炉法炭黑等。

油炉法炭黑的耐磨性比槽法炭黑好，其最早的品种称为高耐磨炉法炭黑，后来开发了粒径较小和耐磨性能更好的超耐磨炉法炭黑、粒径在高耐磨炉法炭黑和超耐磨炉法炭黑之间的中超耐磨炉法炭黑、粒径较大和加工性能较好的快压出炉法炭黑、通用炉法炭黑及油炉法半补强炭黑等。

（2）ASTM 系统命名法

由于炭黑的品种越来越多，采用传统命名法的炭黑名称越来越繁琐，且炭黑特性的表征变得越来越困难，因此世界各国都提出不同的炭黑改进命名方案，但目前只有美国材料试验学会制定的 ASTM D1765《橡胶用炭黑分类命名系统》被各国普遍认可并采用。

ASTM D1765 采用 1 个字母加 3 个数字的方法对炭黑命名。所用字母为 N 或 S，其代表填充炭黑胶料的硫化速度，其中 N 表示正常硫化速度，S 表示缓慢硫化速度。现行 ASTM D1765 列出的 40 多个炭黑品种中只有两个 S 系列品种（均为经氧化后处理的油炉法炭黑），其余均为 N 系列品种。3 个数字的第 1 个数字表示比表面积（1996 年前为粒径），该比表面积分为 10 组；第 2 和第 3 个数字无明确意义，但也存在一定的规律，如 N200.N300 和 N500 系列炭黑中，命名的第 2 和第 3 个数字组成的数分别小于 20，30 和 50 的炭黑，如炭黑 N219、N326 和 N539 均是低结构炭黑，第 2 和第 3 个数字组成的数分别大于 20，30 和 50 的炭黑，如炭黑 N234.N339 和 N582 均是高结构炭黑。

在 ASTM D1765 列出的炭黑系列中，N100 ～ N300 为硬质炭黑，N500 ～ N700 为软质炭黑，N800-N900 为热裂法炭黑。

要说明的是，ASTM D1765 系统命名法虽已被普遍采用，但传统命名法也仍在使用。

2. 非橡胶用炭黑

按性能和用途，非橡胶用炭黑可分为色素炭黑、导电炭黑、塑料用炭黑及专用炭黑等。

色素炭黑包括高色素槽法炭黑、高色素炉法炭黑、中色素槽法炭黑、中色素炉法炭黑、普通色素槽法炭黑、普通色素炉法炭黑和低色素炉法炭黑等，主要用作涂料、油墨、塑料、化纤和皮革等的着色剂。

导电炭黑包括导电炉法炭黑、超导电炉法炭黑、特导电炉法炭黑和乙炔炭黑等，主要用作导电剂或抗静电剂，乙炔炭黑还可做干电池的吸电液。

塑料用炭黑包括色母料专用炭黑、护套料专用炭黑和屏蔽料专用炭黑等，分别做塑料制品的着色剂、抗静电剂和紫外线屏蔽剂等。

四、炭黑的工业生产技术

（一）世界炭黑生产技术

从总体上讲，世界炭黑工业已进入成熟期，其生产技术主要围绕单炉能力、规模、炭黑产品专用化、综合节能降耗和环保安全等几个方向发展，主要体现在以下几方面：

①由于提高单炉生产能力是降低炭黑生产成本的关键环节，因此各大炭黑公司均将提高单炉生产能力作为其技术开发的主要内容。目前，单炉 4 万 t/a ～ 5 万 t/a 的技术已进入推广应用期，生产技术由主要的大公司所垄断。

②炭黑生产装备的开发围绕节能降耗稳步进行，主要表现在 900℃级空气预热器投入工业化应用、新型急冷锅炉进入工业化试验阶段。

③综合节能降耗和环保安全方面的进展是：炭黑工业的综合热能利用率最高已达到 82.68%；采用 PLC 替代 DCS 进行安全控制；炭黑对人体的危害已引起 IARC（国际癌症研究机构）的重视，并在进行深入研究；废气、废水零排放正在取得进展，开展 ISO 14000 EMS 认证已成为炭黑企业的普遍共识。

④炭黑产品专用化的趋势更加明显，各公司对其知识产权的保护更加重视，专用炭黑开发的相关报道从数量、内容和深度都在减少。

（二）国内煤焦油制炭黑生产技术

目前，国内炭黑生产企业所用技术主要是硬质炭黑湿法造粒生产技术。其主要特点如下：

①单炉生产能力大，能耗低。采用新型夹套反应炉，单炉生产能力为 60 ～ 70 t/d，一台反应炉能生产多个品种的硬质炭黑，利用在线高温空气预热器和原料油预热器把空气预热到 800℃，原料油预热到 200℃，强化了反应条件，提高了产品质量和收率，降低了单位产品的消耗。

②工艺流程完善，技术装备水平和自控水平高。将微米粉碎机、磁选机、筛选机等炭黑精制设备纳入流程，确保产品质量符合国家橡胶用炭黑的技术标准；采用集散型微机控制系统，自动控制和调节重要参数，确保生产工艺稳定；采用安全联锁系统，确保安全生产。

③环保水平高，达到国家环保法要求。采用高效袋滤器，收集效率达

99%以上。主袋滤器排除的尾气全部利用，一部分作为回转干燥机燃料炉的燃料，一部分用作尾气锅炉的燃料。排放的废气符合国家规定的环保要求。采用湿法造粒工艺，防止炭黑飞扬而污染环境，并便于散装运输。设有废（次）品回收加工处理系统和负压吸尘系统，使产品合格率达100%，保证工作场所的粉尘浓度低于国家标准。

④炭黑包装基本实现自动化、机械化。炭黑产品按品种不同分别装入两个500 m3产品贮罐的分格内，采用自动包装机，基本上实现机械化、自动化，减轻了工人劳动强度，提高了劳动生产率。

（三）炭黑的制造方法

炭黑的制造方法有炉法、灯烟法、喷雾法、槽法、滚筒法、混气法、热裂法、乙炔法和等离子体法，其中炉法、灯烟法、喷雾法、槽法、滚筒法和混气法为不完全燃烧法，热裂法、乙炔法和等离子体法为热裂解法。

1. 炉法

炉法是在反应炉内，原料烃（液态烃、气态烃或其混合物）与适量空气形成密闭湍流系统，通过一部分原料烃与空气燃烧产生高温使另一部分原料烃裂解生成炭黑，然后将悬浮在烟气中的炭黑冷却、过滤、收集、造粒制成成品炭黑的方法。其中，以气态烃（天然气或煤层气）为主要原料的制造方法称为气炉法（主要产品为软质炭黑）；以液态烃（芳烃重油，包括催化裂化澄清油、乙烯焦油、煤焦油馏出物等）为主要原料制造方法称为油炉法。

油炉法由于具有工艺调节方法多、热能利用率高、能耗小及成本低等特点，已成为主要的炭黑制造方法。

与油炉法相比，气炉法的原料消耗量和综合能耗较大。在天然气涨价后，其主要产品已被油炉法产品取代。然而在天然气廉价的地区，制造气炉法炭黑仍然有利，且气炉法炭黑还在很多橡胶制品中应用。目前我国气炉法炭黑年产量为3万~4万t。

2. 灯烟法和喷雾法

灯烟法和喷雾法的工艺过程与炉法相近，主要差异是反应炉的上游端敞口，空气依靠炉后的排风机抽入。

灯烟法是在反应炉的上游端把原料油（芳烃重油）加入炉口浅盘，通过一部分原料油与空气燃烧产生高温使另一部分原料油裂解生成炭黑的方法。灯烟法炭黑的粒子大、补强性能差，不适用于橡胶制品，而主要用作涂料着色剂，目前国外尚有少量生产。

喷雾法的原料油是从反应炉的上游端用机械雾化喷嘴喷入的，这种制造方法由原苏联开发。喷雾炭黑具有粒子大、结构极高、填充胶料强度中等和永久变形很小的特点，特别适用于橡胶密封制品。目前我国喷雾炭黑年产量为几千吨。

3.槽法、滚筒法和混气法

槽法、滚筒法和混气法都是原料烃在空气中进行不完全燃烧而形成开放型扩散火焰，再将火焰还原层中裂解生成的炭黑冷却、收集、造粒制成成品炭黑的方法。槽法和滚筒法均是通过火焰与温度较低的收集面（槽钢或钢制水冷滚筒表面）接触来收集裂解生成的炭黑，故又称为接触法。

（1）槽法

槽法是在自然通风的火房内，天然气或煤层气通过数以千计的瓷质火嘴与空气进行不完全燃烧而形成鱼尾形扩散火焰，通过火焰还原层与缓慢往复运动的槽钢接触使裂解生成的炭黑沉积在槽钢表面，然后由漏斗上的刮刀将炭黑刮入漏斗内，经螺旋输送器输出、造粒而制成成品炭黑的方法。

（2）滚筒法

滚筒法是在火房内，以焦炉煤气或氢气做载体的汽化原料烃（芳烃含量较大的烃类物质，如粗蒽、蒽油或防腐油）通过灯管上数以千计的圆形小孔与空气进行不完全燃烧而形成鼠尾形扩散火焰，通过火焰还原层与旋转钢制水冷滚筒接触使裂解生成的炭黑沉积在滚筒表面，然后用刮刀将炭黑刮入漏斗内，经螺旋输送器输出、造粒而制成成品炭黑的方法。

与槽法相比，滚筒法所用的原料烃芳烃含量大、炭黑生成率高、烟气中悬浮的炭黑多。其烟气中悬浮的炭黑一般采用袋滤器过滤回收并与从滚筒表面收集的炭黑混合后再造粒制成成品炭黑。

（3）混气法

槽法混气炭黑是最早采用混气法制造的炭黑，它是在槽法火房内，以焦炉煤气或煤层气做载体的原料烃（粗蒽、蒽油或防腐油）与空气进行不完全燃烧而形成数以千计的鱼尾形扩散火焰，再通过火焰还原层裂解制成的。

无槽混气法的生产工艺与槽法混气法相似，但火房内没有槽钢，生成的炭黑直接悬浮在烟气中。与槽法混气法相比，无槽混气法的单位火房产能大，但原料油消耗量也较大。目前无槽混气法炭黑主要用于油墨着色，产量很小。

还有一种工艺与滚筒法相似的混气法，其火房内也没有滚筒，生成的炭黑也直接悬浮在烟气中。该法的生产效率比滚筒法高，目前只生产少量油漆和油墨用中色素炭黑和普通色素炭黑。

4. 热裂法、乙炔法和等离子体法

（1）热裂法

热裂法是一种不连续的炭黑制造方法，每条生产线设置两个内衬耐火材料的反应炉。生产时，先在一个反应炉内通入天然气和空气并燃烧，待反应炉达到一定温度后停止通入空气，使天然气在隔绝空气的条件下热裂解生成炭黑。在该反应炉进行裂解反应时另一个反应炉开始燃烧。每个反应炉均在完成裂解反应且温度降到一定程度后再燃烧加热，如此循环生产。生产出的炭黑与烟气一起冷却，然后将收集到的炭黑进行造粒处理。

热裂法炭黑是粒子最大、结构最低的炭黑品种。热裂法炭黑填充的胶料强伸性能较低，但弹性高、硬度和生热低、电导率小，且热裂法炭黑的填充量大，其适用于轨枕垫等要求弹性高、生热低和绝缘性能好的橡胶制品。另外，热裂法炭黑的碳含量大和纯度高，可用于硬质合金、炭素制品的生产。

（2）乙炔法

乙炔法是先将乙炔和空气通入反应炉中燃烧，待反应炉加热到一定温度后停止通入空气，使乙炔在隔绝空气的条件下裂解为乙炔炭黑（和氢气）的方法。由于乙炔裂解为炭黑和氢气的反应是放热反应，因此反应可以连续进行，且需要用水冷却炉壁以防过热。裂解生成的炭黑经冷却、输送、捣磨、收集、压缩包装成成品炭黑。

乙炔炭黑的结构高、导电性能好，可用于抗静电或导电橡胶制品，但它的视比容大、胶料加工性能差，故在橡胶工业中的应用已较少，目前主要用于干电池生产。

等离子体法是用等离子体发生器加热反应炉，使其达到极高温度来裂解原料烃（气态烃、液态烃或固态燃）以连续生产炭黑的方法。该法具有以下优点：

①不用原料和燃料加热反应炉，原料烃的利用率高，且可以使用芳烃含量不高的油，能缓解燃料和原料短缺的问题。

②裂解产生的氢气可作化工原料或汽车清洁燃料。

③不产生和排放 CO、CO_2、SO_2、NO 和 NO_2 等有害废气，有利于环境保护。

④裂解反应生成的尾气少，可以降低炭黑收集系统的投资和运转费用。

⑤反应炉可达到的温度高且范围宽，有利于产品的多样化。

（四）炭黑制造工艺

1. 油炉法工艺流程

具体过程为：将燃料油（气）、结构抑制剂和预热空气一起送入反应炉燃烧段燃烧以生成高温燃烧气流（火焰），当高温燃烧气流进入反应炉喉管段（混合段）后，通过雾化喷嘴将预热原料油注入气流中，其后汽化的原料油和高温燃烧气流混合并进入反应炉的反应段裂解生成炭黑；急冷水在反应炉的急冷段喷入以终止裂解反应和冷却烟气。冷却烟气作为空气预热器和原料油预热器的热源进行热交换而进一步冷却后进入主袋滤器，经主袋滤器过滤分离炭黑后的净化尾气一部分送干燥机尾气燃烧炉燃烧（产生的燃烧排出气体做干燥湿法造粒炭黑的热源），其余部分送尾气锅炉作为燃料燃烧；主袋滤器分离出来的炭黑进入风送系统，经微米粉碎机再由风送风机送至收集旋风分离器。从收集旋风分离器出来的风送气体由回流风机送回主袋滤器，而分离出来的炭黑进入粉状炭黑贮罐，再进入湿法造粒机与造粒水混合。造粒后的湿炭黑颗粒先进入干燥机干燥，再进入斗式提升机。由干燥机排出的携带水分和炭黑粉尘的燃烧排出气体进入排气袋滤器，经排气袋滤器分离的炭黑进入风送系统。斗式提升机中干燥的炭黑颗粒经筛分机过筛，不合格的大颗粒炭黑进入不合格品贮罐，合格炭黑进入磁选机。磁选分离出的铁磁性物质和少量炭黑进入提升机底部，被装在其底部的永久磁铁进一步分离。产品炭黑经螺旋输送机送至产品贮罐。不合格品贮罐中的炭黑由再处理风机送至再处理袋滤器，经再处理袋滤器分离出的炭黑再进入生产系统。产品贮罐中的炭黑用槽车装载或由包装机装袋后入库。

2. 煤焦油法制炭黑工艺流程

脱水达标后的燃料油进入燃料油罐，经燃料油过滤器由燃料油泵送入反应炉喷枪，由来自空压站的压缩空气将燃料油雾化，再与预热后的空气在反应炉的燃烧室内混合，完全燃烧，产生约 1 860℃的高温燃烧气流，随后高速进入反应炉的喉管段。

脱水达标后的原料油进入原料油罐，经原料油过滤器，由原料油泵送到原料油预热器，预热到 200℃以后，经原油喷枪喷入反应炉的喉管段。在这里，原料油与来自燃烧段的高温高速气流充分混合气化并裂解生成炭黑。

为了适于不同种类的原料油，可设计专用混油罐，通过空气的搅拌将不同的原料油充分混合。

生产炭黑所需工艺的空气由大气进入主供风机，经升压后送入空气预热器预热到 800℃左右，再送入反应炉燃烧段。

为了调节和控制炭黑结构，在添加剂溶解罐内用水溶解碳酸钾，然后经添加罐用泵送到添加剂喷枪，从喷嘴孔喷入反应炉燃烧段内。冷却到 250℃的烟气进入脉冲式主袋滤器，附在滤袋外壁上的炭黑用脉冲气流进行周期性喷吹，使炭黑经主袋滤器的下料螺旋输送机、气密阀进入风送系统。袋滤分离的炭黑尾气由尾气加压风机将其量的 20% 送至尾气燃烧炉，其余 80% 送到窑气锅炉做燃料。炭黑进入风送系统后，用 200 ~ 220℃热烟气输送，通过微米粉碎机将硬炭或杂质粉碎成小于 325 网目的粒子，再经风送风机送到旋风分离器。出来的烟气经回流风机送回烟气系统，进入主袋滤器循环。从旋风分离器收集下来的炭黑落入粉状炭黑储罐中，粉状炭黑经炭黑储罐搅拌器搅拌，由供料输送机送入湿法造粒机中造粒。造粒所需的造粒水由工艺泵送出，经加压后进入静态混合器。

造粒用的黏结剂由黏结剂泵送入静态混合器。水和黏结剂在静态混合器混合后送入湿法造粒机。从湿法造粒机出来的湿炭粒子进入干燥机进行干燥。干燥机所需的干燥热能由尾气燃烧炉供给。尾气经尾气加压风机升压后，送到尾气燃烧炉。尾气炉供风机送入空气，燃烧产生的热气体进入干燥机的火箱与干燥机滚筒接触，先以间接方式加热干燥机内部的湿炭黑粒子，然后热气体由干燥机尾部进入干燥机内部直接接触炭黑粒子，以加速炭黑粒子的干燥过程。从回转干燥机出来的炭黑，通过提升机送入筛选机。筛选出的合格品送入储存提升机，然后经磁选机磁选除去铁锈。根据炭黑品种，磁选后的炭黑进入产品储罐。待炭黑冷却到80℃以下时用包装机包装。包装好的炭黑用叉车送入库房。

磁选机清除下来的铁锈通过溜槽落到储存提升机底部的永久磁铁盘上，进一步回收随铁锈流出来的炭黑，铁锈则由人工定期清除。

3. 生产环保措施

从干燥机前部排出的含炭黑气体（约232℃）经排气风机送到排气袋滤器。附在滤袋上的炭黑用脉冲气流进行周期性喷吹，使炭黑落入袋滤储斗，再经排气袋滤器下料螺旋输送机、气密阀进入风送系统。生产过程中产生的不合格炭黑，由筛选机筛选出的大粒、细粒，分别进入不合格产品储罐，经不合格品气密阀由再处理风机送到再处理袋滤器，附在滤袋上的炭黑用脉冲气流进行周期性喷吹，使炭黑落入袋滤储斗，经再处理袋滤器下料螺旋输送机、气密阀重新进入风送系统，加工回收成合格产品。散落在包装区的炭黑以及检修设备时散落在地面的炭黑，用移动式吸尘器收集，并和实验室的废炭黑一起由人工加入回收漏斗，再经回收漏斗气密阀返回风送系统重新加工利用。地面残留的炭黑用水冲洗，污水注入下水道，排到污水处理系统统一处理。

第三节 针状焦

一、概述

针状焦是20世纪70年代炭素材料中大力发展的一个优质炭素原料，具有热膨胀系数低、石墨化性能好等优点，破碎后外形呈针状，在显微镜下具有明显的纤维状结构和较高的各向异性，主要制成石墨电极，应用于电弧炉炼钢、炼铝等。用针状焦制成的石墨电极具有耐热冲击性能强、机械强度高、氧化性能好、电极消耗低及允许的电流密度大等优点。在国防工业和民用工业中，其具有特殊用途和重要意义。尤其是采用针状焦制成的超高功率电极炼钢，可提高炼钢效率、减少电耗、降低炼钢成本，具有显著的经济效益和社会效益。

随着我国钢材品种竞争的不断加剧，用于生产优质钢及特种钢的电炉钢正迅速向超高功率和大型化方向发展，促使采用石墨化程度较高的针状焦来制备高功率（HP）及超高功率（UHP）石墨电极成为研究热点。针状焦石墨化制成的 HP 及 UHP 石墨电极，具有化学稳定性好、抗热震性能强、机械强度好、耐腐蚀等优点，大大地提高了冶炼效率。除此之外，针状焦还可以用来作为锂离子电池、电刷、核石墨、电化学容器及火箭技术等的新型骨料。

二、针状焦成焦的机理

针状焦的生成过程为：原料→不稳定中间相小球体→堆积中间相→针状焦。其成焦机理为：液相炭化理论 + 气流拉焦工艺。

（一）液相炭化

在较高的温度下，具有多种组分液相体系（沥青）中的分子在系统加热时发生热分解和热缩聚反应，形成具有圆盘形状的多环缩合芳烃平面分子，这些平面稠环芳香分子在热运动和外界搅拌的作用下取向，并在分子间范德瓦耳斯力的作用下层积起来形成层积体，为达到体系的最低能量状态，层积体在表面张力的作用下形成球体，即中间相小球体。中间相小球体吸收母液中的分子后长大，当两个球体相遇碰撞后两个球体的平面分子层面彼此插入，融并成为一个大的球体。如果大球体之间再碰撞、融并后将会形成更大的球体，直到最后球体的形状不能维持，形成非球中间相——广域流线型、纤维状或镶嵌型中间相。从物相角度来看，中间相球体的生成过程是物系内各向同性液相逐渐变成各向异性小球体的过程；从化学角度来看，它是液相反应物系内不断进行着的热分解和热缩聚反应达到一定程度的产物。

（二）气流拉焦

在中间相小球体形成、增长、融并，直至中间相固化的全过程中，反应体系中有气体连续地向一定方向流动，这种气流有一定流速，能够使流动的各向异性区域强制沿气流方向有序取向，使中间相沥青分子在向列型有序排列中固化，最后生成为针状焦。这就是气流拉焦作用。

三、针状焦的原料与种类

根据针状焦成焦的机理，生产针状焦的原料必须是芳烃含量高（稠环大分子芳烃不在其内）、杂质少、沥青质低、灰分低，并在转化过程中能生成较大的中间相小球体。

生产原料有煤沥青和石油沥青，由原料把针状焦划分为煤系针状焦和石油系针状焦。石油系针状焦以热裂化渣油、催化裂化澄清油、润滑油精制抽出油、蒸汽裂化焦油、焦化蜡油、乙烯裂解渣油等为原料。煤系针状焦以煤焦油、煤焦油沥青以及通过直接加氢裂化煤制得的液体产物、用溶剂精制煤法（SRC）制得液体产物以及几种原料的共炭化。煤系针状焦生产与油系针状焦生产方法相比，主要区别在原料预处理。油系针状焦原料的杂质较少，而煤焦油沥青中含有一定量的噻吩不溶物（QI），它们附着在中间相周围，阻碍球状晶体的长大、融并，焦化后也不能得到纤维结构良好的针状焦组织。因此，煤系针状焦原料的调制技术难度更大。

四、针状焦主要性能指标

针状焦主要用于制造高功率和超高功率电极（UHP），电极的性能在很大程度上取决于针状焦的性能。UHP电极必须有很高的石墨化度，所以针状焦的结构必须是各向异性程度很高的易石墨化炭，且纯度很高。针状焦的主要性能指标如下：

（一）真密度

真密度是反映炭材料组成基本质点的密度程度及排列规整程度，真密度越大，表明炭材料石墨化度越高，即晶体结构内部越致密，排列越整齐。石油系针状焦和煤系针状焦的真密度都在 2.13 g/cm³ 左右。此外，体积密度和堆积密度也是针状焦质量的量度。焦炭颗粒的堆积密度与真密度、孔隙结构及焦炭颗粒堆积后颗粒之间的孔隙率有关。颗粒之间孔隙又与颗粒之间的形状有关，在骨料真密度不变的情况下，颗粒内部的孔隙率越大则堆积密度越小。

（二）热膨胀系数

热膨胀系数（CTE）是针状焦最重要的性能参数之一，针状焦质量分级标准主要就是根据CTE进行划分的。CTE越小的炭素制品在承受突然升至高温或从高温急剧冷却的热冲击时的抗热震性越好。CTE 与针状焦的显微结构有着密切的关系。针状焦的显微结构主要以纤维状结构为主，还含有数量不等的各种过渡型结构和镶嵌结构。因为煤系针状焦的纤维状组分高于石油系针状焦，使得煤系针状焦的 CTE 值较低。综合考虑 CTE 和"晶胀"的关系，煤系针状焦比较适宜用来生产 HP 和中等规格的 UHP 电极。而石油系针状焦用于生产大规格 UHP 石墨电极，要想得到低的 CTE 值，则需要采用大颗粒配方和高温石墨化。

（三）强度

针状焦的强度取决于绝对孔隙的总数，它与顺纹理方向的 CTE 有关，随着 CTE 的降低，其抗破碎性或抗磨性也降低，机械稳定性变差。煤系针状焦制品的强度一般都低于石油系针状焦，这是因为：①煤系针状焦本身有序排列好，孔隙多，裂纹多，容易破碎，抗磨强度小；②煤系针状焦的孔隙小，黏结剂的浸润性能不好，使得所制产品颗粒之间胶结能力差，因而影响制品的强度。

（四）电阻率

电阻率是石墨电极性能的重要指标。通过检测粉末电阻率来控制针状焦的质量，其测定结果受针状焦的真密度和焦炭颗粒堆积后孔隙的影响，还受颗粒的形状影响。针状焦的颗粒是长形，测粉末电阻率时，加压后针状焦的颗粒横卧，使得粉末电阻率值增大。制品挤压成型时，由于焦炭颗粒的顺纹理方向趋于平行挤压方向排列，使得制品的电阻率在平行挤压方向较低。煤系针状焦和石油系针状焦相比，煤系针状焦的电阻率较低。

（五）抗氧化性

炭材料的抗氧化性，是炭材料应用的重要基础。由于炭材料中存在一些晶格缺陷或在炭化、石墨化过程中产生内应力以及杂质的存在，使得炭材料中存在一些活性点部位，这些部位易吸附空气中的氧气，并且在温度高于 400℃时开始氧化。因此，提高结晶度，减少缺陷，降低活性位置与外界反应气体的接触等是提高炭材料抗氧化性的重要手段。更有效的方法是在炭材料中加入磷、卤素、硼等对氧化作用有抑制能力的化合物。

五、针状焦生产工艺技术

针状焦工业生产工艺分原料预处理、延迟焦化、煅烧三部分。①原料预处理：目的是去除原料软沥青中的杂质（主要指喹啉不溶物 QI），制取精制沥青。②延迟焦化：把精制沥青在加热炉内快速加热到反应温度后，立即送入焦化塔，利用其自身显热使沥青裂解和缩合，生产出延迟焦（俗称生焦）。③煅烧：将延迟焦经 1 450℃左右高温煅烧，对针状焦进行煅烧可达到以下目的：排除其中的挥发性组分和水分；提高密度和机械强度；提高导电性能；提高化学稳定性。

（一）原料预处理

煤焦油沥青主要成分是芳香烃，但其中含有一定量的喹啉不溶物（QI），它不仅是煤焦油蒸馏时某些高分子树脂状物质受热聚合生成的无定形碳，还有从炼焦炉炭化室随煤气带来的煤粉和焦粉。它们附着在中间相周围，阻碍球状晶体的长大、融并，焦化后也不能得到纤维结构良好的针状焦组织。富含短侧链、线型连接的多环（3 环～4 环）芳烃，是生产针状焦的优质原料。工业生产上对原料的要求是：芳烃含量高（约为 30%～50%）、胶质沥青质含量低（一般控制庚烷不溶物 ≤ 2.0%）、灰分（一般 ≤ 0.05%）和硫分（≤ 0.5%）含量低、钒和镍含量均小于等于 50×10^{-6}。因此，需对煤沥青原料进行预处理。首先除去其中妨碍小球体生长的喹啉不溶物，然后再进行组分调制，以获得满足针状焦生产需要的原料，这是用煤沥青生产针状焦的必要条件。原料预处理主要方法有：蒸馏法、离心法、溶剂法、改质法等。

1. 蒸馏法

美国专利技术，用真空分离器从煤焦油沥青中分离出残渣，包括分离 QI。其技术核心是通过真空蒸馏切取一段适合于生产针状焦的原料。工艺比较简单，但针状焦原料（精料）收率低。

2. 离心法

美国专利技术，用离心机或过滤机等机械设备除去 QI 的方法。煤焦油沥青在适宜的温度和黏度下进入离心机，将脱除了 QI 的离心液和富含 QI 的残渣分离，离心液作为针状焦的原料（精料）。该技术大大提高了针状焦原料的收率，但针状焦质量一般，工艺适中，投资大。

3.溶剂法

美国、日本、波兰、中国等有不少专利介绍，用脂肪烃和芳香烃按一定比例制备成混合溶剂，以混合溶剂处理煤沥青除去 QL 在日本，用溶剂法生产煤系针状焦的有新日铁和三菱化成两套装置，能力均为 6 万 t/a 左右。用该技术处理后得到的针状焦原料（精料）收率高，针状焦产品质量好，但工艺复杂，投资也高。

溶剂法工艺流程：软沥青→溶剂萃取→分离→延退焦化→高温煅烧→成品。高温煅烧需要（1 450 ± 50）溶剂法副产品：高温沥青、高沸点重油、软馏分等。

4.改质法

中国专利，将混合煤焦油系原料油送到特定闪蒸塔内，在一定温度和真空度下闪蒸出闪蒸油，闪蒸油进入专用聚合釜进行聚合，获得针状焦原料缩聚沥青（精料）。该工艺针状焦原料（精料）收率适中，工艺较简单。

工艺流程：软沥青→闪蒸→热缩聚→延迟焦化→高温燃烧→成品。

在这 4 种原料预处理工艺中，真正实现工业化生产的有溶剂法和改质法，但由于改质法存在各种参数不易控制的缺点，并且其工艺上的设计存在问题，因而国内中冶焦耐院的针状焦项目最终以失败而告终。而溶剂法由于条件易于控制，因此中钢热能院的溶剂法生产针状焦取得了突破性的进展，生产出了性能稳定、高质量的针状焦。

原料预处理方法主要采用溶剂法。将煤油（或蜡油）与洗油按重量比 1：1 混合配制成溶剂，此溶剂与软沥青按接近 1：1 的比例混合后在静置沉降槽中分成重相和轻相。轻相通过管式炉加热，进入分馏塔分离，蒸出溶剂后得到精制沥青，重相经间歇蒸馏釜蒸出溶剂后得重质沥青。对煤软沥青原料进行预处理的关键：首先是通过沉降除去其中有害的杂质，即降低其喹啉不溶物含量。然后再经热处理进行组分调制，获得满足针状焦生产需要的原料，这是原料预处理的目的，也是用煤软沥青生产针状焦的必要条件。

（二）延迟焦化

将精制沥青经高温加热到不大于 510℃后送入焦化塔，在塔内保持温度高于 460℃需 6 h 以上。在此过程中进行复杂的热分解、缩聚反应生成焦炭，并从分解产物中蒸馏出轻油、重油和焦化煤气。然后将焦化塔内生成的焦炭经冷却后，用高压水取出，然后将水进行分离，水能循环利用，生焦初步脱水后送往煅烧段。

在延迟焦化工艺中，要综合考虑温度、压力、循环比、升温速率等诸因素对生焦质量的影响及塔内气速对焦结构的定向作用等，否则会严重影响针状焦的质量。根据经验，在焦化反应初期，以相对高的压力操作，反应后期以一定速率降低焦化塔压力比在后期恒压下生产的针状焦质量要好，且焦炭收率高。焦化初期塔中保持较高压力，对中间相各向异性发展有利，在此条件下，挥发性物质在焦化塔中留存较多，并通过溶解或氢转移来缓和焦化反应，使焦化物料保持较低的黏度，利于中间相小球充分地长大、融并。在焦化后期，以一定速率降压，会驱使大的中间相分子在固化时按一定途径放出气体，以均匀气速"拉焦"，可以形成结晶度好的针状焦。循环比（R）也是延迟焦化生产的主要工艺参数，选择循环比大小，与原料性能有关。不同原料选择循环比大小不同，所以只有相同原料讨论循环比的大小对焦化生产的影响才有可比性。

（三）煅烧

生焦在隔绝空气的条件下进行高温热处理的过程称为燃烧。煅烧的目的是驱除生焦中的水分和挥发分，提高焦的含碳量、密度、强度和导电性。煅烧料真密度的提高，主要是由于燃烧料在高温下不断逸出挥发分并同时发生分解、缩聚反应，导致结构重排和体积收缩的结果。因此，同样的生焦质量，燃烧温度越高，燃后焦挥发分越低，真密度越高，针状焦质量越好。

煅烧在回转窑内进行。采用的回转窑内径 2 750 mm，有效长度 50.5 m，倾斜度 5.2%。窑体的转速在 1 ~ 2 r/min，物料通过的时间约为 1.5 h。在生焦进口处，废气的出口温度约 500 ℃。在此温度下，生焦很快脱水，同时被预热。随着物料向前移动，窑内温度达到 1 200 ~ 1 300 ℃，焦炭内的挥发分基本挥发完毕。

回转窑的下料量、转速、火焰温度、火焰长度、原料块度等对煅后焦的质量均有影响。

温度为 1200 ℃的煅后焦进入回转冷却器，在此用清水喷洒冷却，温度可降至170℃。然后通过磁力分离机，除去成品中的铁物。

成品焦的质量指标如下：水分低于0.5%，挥发分低于0.5%，真密度（2.00±0.04）g/cm³，硫分低于0.5%，灰分低于0.5%。

六、针状焦的研究新进展

查庆芳等将催化油浆和减压渣油以不同的比例混合，然后在490 ℃和0.8 MPa的条件下炭化制备针状焦，发现FCC油浆和减压渣油两者共炭化在热反应上起到"互补"作用，FCC油浆修饰了减压渣油的反应性，降低了减渣的热解速率，并得出结论：掺兑30%FCC油浆于减压渣油中，从化学组成看，可以获得优质针状焦。

第四节 沥青基碳纤维

一、碳纤维概述

碳纤维是有机纤维或沥青基材料经碳化和石墨化处理后形成的含碳量在90%以上的碳素纤维。全世界目前各种炭素纤维的生产能力已超过$4 \times 10^4 t$，虽然产量不大，但由于它具有许多独特的性能，故受到广泛的重视，并有良好的发展前景。

在碳纤维的研究与生产上，日本和美国一直走在世界的前列。100多年前，美国的爱迪生就从天然竹子和纤维素纤维制成了碳纤维，并将其用作电灯丝，其后由于钨丝的取代，碳丝的研究随之终止。

二、碳纤维的分类

本部分将从碳纤维的分类为切入点，着重介绍沥青基碳纤维，并简单介绍碳纤维复合材料的应用发展状况。

由于原料及制法不同，所得碳纤维的性能也不一样，目前，碳纤维的名称和分类都比较混乱。当前，各国大多按照习惯对碳纤维进行分类，它们大致可分为以下三类：

①按照制备的原料分类，可分为聚丙烯腈（PAN）基碳纤维、沥青基碳纤维（PCF）、黏胶基碳纤维、酚基碳纤维等。

②按照制造条件和方法分类，可分为碳纤维（800 ~ 1 600℃）、石墨

纤维（2 000-3 000℃）、氧化纤维（预氧化 200-300℃），活性碳纤维和气相生长碳纤维。

③按力学性能分类，可分为通用级（MP）、高性能（HP），其中包括中强型（MT）、高强型（HT）、超高强型（UHT）、中模型（LM）、高模型（HM）、超高模型（UHM）。

三、沥青基碳纤维的结构与性能

碳纤维的结构属于乱层石墨结构，这种结构决定了碳纤维的最终性能。

碳纤维的微结构包括碳的乱层结构、微晶尺寸、择优取向、微小孔隙、径向结构、空间三维结构及表面结构等方面。考察微晶沿轴向的取向、乱层结构在径向的排列是研究碳纤维结构的主要方法。碳纤维的形态结构主要取决于原丝结构和热处理条件，在碳化过程中，原丝纤维的各种形态结构特征，如分子排列、择优取向、单丝的截面形状等基本都被保留下来。

（一）纵向结构与取向度

在微晶中，碳原子的层面与纤维轴构成一定角度的取向，称为择优取向，常用择优取向来表示微晶沿纤维轴取向的程度。

沥青熔体在纺丝过程中，受到剪切和拉伸作用而使分子沿纤维轴向发生取向，氧化过程中，这种取向被固定下来。碳化时，缩聚反应在取向的分子间进行，最终得到沿轴向取向的微晶结构。微晶取向度越高，结构越规整，碳纤维的力学性能越优良。通过不同手段提高原丝中分子的取向，并使取向在热处理中进一步发展，可获得高强度高模量的沥青基碳纤维。

对于各向同性沥青基碳纤维（IPCF），基本上没有微晶的取向。在应力石墨化时，微晶的择优取向随着纤维的应变有所改善。中间相沥青基碳纤维（MPCF）具有各向异性，经 3 000℃处理后的，微晶取向度可达到 90%以上。因此，中间相沥青容易制取高模量碳纤维。

沥青基碳纤维发展趋势是研制开发高导热性能的沥青基碳纤维。MPCF由于其石墨晶体结构沿纤维轴高度择优取向，具有极高的导热率，是理想高导热功能材料。MPCF 的高导热性的主要机理是依靠量子化的弹性晶格振动（即声子）传递热量，与晶界散射声子平均自由行程成正比。声子平均自由行程近似等于由 X 射线衍射测得的面内相干长度 La，也就是说石墨晶体沿纤维轴取向程度以及石墨晶体尺寸两者是决定中间相沥青碳纤维的高导热性的主要内在因素。

（二）径向结构与规整性

通用级沥青基碳纤维大多数为非晶态结构，这种形态结构，使其拉伸强度、杨氏模量降低，断裂伸长减小，总体性能较差。对于高性能沥青基碳纤维，由于所用原料沥青不同，调制方法有别，特别是喷丝板结构的影响，纤维的断面结构有多种类型，如无规则结构、辐射状结构、褶皱结构、洋葱形结构，除此之外，还有表层为辐射状，内部为褶皱形结构或洋葱形结构等。

制取高强度碳纤维，应避免辐射状结构，在热处理过程中容易产生裂纹，导致拉伸强度降低；而无规则结构、褶皱结构和洋葱形结构赋予其高的拉伸强度等许多优异性能。尽量减少表层辐射状结构所占的比例，以提高其拉伸强度。

通过拉伸反弹技术对 PAN 基碳纤维与中间相沥青基碳纤维的压缩性能进行研究，发现 PAN 基碳纤维比中间相沥青基碳纤维具有更高的压缩强度，再借助扫描电镜（SEM）研究，发现 PAN 基碳纤维的表层石墨晶体无序度更高，从而可能导致它更趋于各向同性的力学性能，具有更好的压缩性能。在此基础上研究人员提出了维持纤维拉伸性能，增加压缩性能的最优化晶体结构。

中间相沥青基碳纤维具有很高的杨氏模量、优越的热传导性能和拉伸强度。然而其压缩强度却不高，Fumitaka Watanabe 等将各向同性沥青与各向异性沥青熔融混纺，热处理后，得到高压缩强度的沥青基碳纤维。

（三）异形纤维结构

异形纤维是具有异形截面结构的纤维，采用特殊设计的异型喷丝板纺制而成，例如：星形纤维、三角纤维、带状纤维、中空形纤维、桔瓣形纤维等。

星形纤维、三角纤维除截面为异形外，内部结构具有树叶层状结构，这些树叶层状结构不同于辐射结构，在碳化和牵伸过程中不容易产生裂纹，可制得高强度大伸长的沥青基碳纤维。

如果采用狭缝式喷丝板纺制中间相沥青，可得到带状扁平的沥青基碳纤维。它具有高拉伸强度和压缩强度，石墨化后具有非常高的导热、导电系数。这是因为纺丝过程中的剪切作用强，分子取向度高；不熔化过程中，氧由表面层到中心区的距离短，消除不熔化纤维的皮芯结构，并缩短不熔化时间，同时降低了生产成本。

具有类石墨结构碳纤维的导热系数可以达到 1 000 W/（m·K）以上，是铜的（2～3）倍。但是普通纺丝过程得到的沥青原丝，分子取向程度较低，要经过 3 000℃的高温石墨化处理，但是价格非常昂贵，限制了其商业应用价值。选用异形喷丝板，配合适当的纺丝温度，可以增大熔纺过程的剪切作用，使分子具有较高的取向程度，在较低的石墨化温度下，发展成为完善的石墨片层结构，从而降低了生产成本，提高商业利用价值。

方形、多角截面及中空圆形沥青基碳纤维具有优异的吸波特性，用其来增强改性后的环氧树脂复合材料，可使雷达散射面积降到（0.1～0.3）m² 使用这种材料的战斗机具有非常好的隐身性能。

四、碳纤维用沥青原料

沥青是带有烷基侧链的稠环芳烃化合物和杂环化合物的混合物，其结构和化学组成非常复杂。一般石油工业和煤焦化工业所获得的副产物沥青相对分子质量在 200-800 之间，含碳量高于 80%，软化点低于 120℃，在用于生产碳纤维之前，必须进行调制和改性预处理，制备成软化点在 250℃以上的高软化点沥青。

各种沥青原料经过不同的方法预处理后，可制备成两种纺丝沥青：通用级纺丝沥青和中间相沥青。通用级沥青呈各向同性结构，生产成本低，所制备的碳纤维力学性能不高，一般用作民用和制备活性碳纤维。中间相沥青分子结构呈各向异性，用于制备高性能碳纤维，作为工程纤维用在特殊领域。

（一）各向同性沥青

制备各向同性沥青的方法很多，有减压搅拌热缩聚法、刮膜蒸发器法、空气吹入氧化法、硫化法、添加剂法及 PVC 法。这些方法的共同点是：在热缩聚（＞350℃）过程中除去精制沥青的轻组分，即当温度上升时，发生脱氢、交联、缩聚等反应提高软化点，同时抑制中间相的产生。

（二）中间相沥青

制备中间相沥青也有很多方法，但共同的特点是避免使用交联剂，以防止沥青分子之间杂乱地交联而限制液晶结构的形成。当工业沥青在惰性气氛中加热到350℃以上时，经过热解、热脱氢缩聚等一系列反应，逐步形成相对分子质量大、热力学稳定的多核芳烃化合物。由于是有机物向碳过渡的中间物，故被称为中间相。当体系处于液相状态时，这类平面大分子形成到足够量后便按向列次序开始聚集成液晶，从而在光学上表现为各向异性。但这种液晶不能随温度的升降而向各向同性液体可逆变化，故与通常显示液晶的性质有所不同。中间相的生成经历了中间相小球的初生（成核）、小球的成长和融并过程。

制备中间相沥青的方法可概括为：热缩聚法、超临界抽提法、溶致改性、加氢和催化改性等。采用甲苯的超临界气体抽提法从沥青除去妨碍中间相组织发展的喹啉不溶组分，同时可以控制抽出沥青的反应性，得到碳化性能优良的中间相沥青原料。

中间相沥青的相对分子质量较大，黏度高。用热缩聚方法制备中间相，随中间相含量的增加，软化点提高，熔纺温度可能达到350℃以上。这样的高温熔纺过程中，沥青的热分解、热缩聚使纺丝沥青变质，处于不稳定状态，很难实现连续化、稳定纺丝。因此，需对中间相沥青进行调制，降低软化点和黏度，从而降低熔纺温度。日本九州工业技术研究院开发的预中间相法，把石油沥青或煤沥青在380～500℃用氢化溶剂进行氢化处理，制得各向同性的预中间相沥青，软化点调制在250～280℃，大幅度降低了纺丝温度。许斌等将沥青采用四氢萘高压氢化处理制取了氢化沥青，进一步碳化热处理制备了可溶性中间相沥青。

（三）煤焦油沥青的成分和性质

煤沥青全称为煤焦油沥青，是煤焦油蒸馏提取馏分（如轻油、酚油、萘油、洗油和蒽油等）后的残留物，煤焦油是煤高温干馏的副产物。煤沥青的组成极为复杂。据统计，煤焦油沥青中含有上万种有机化合物，目前可以鉴定出的仅有500余种。

由于煤焦油沥青是由多种芳族与脂肪族化合物组成的复杂混合物，迄今未发现任何一种溶剂能完全溶解煤焦油沥青。根据萃取溶剂的不同，煤焦油沥青的分组方法有多种。常见的是分为 α、β、γ 三种组分。

α 组分是煤焦油沥青中的重组分，相对分子质量为 1 800 ~ 2 600。β 组分是煤焦油沥青中的较轻组分，相对分子质量为 1 000 ~ 1 800。γ 组分的存在有利于煤焦油沥青体系保持良好的高温流动性，对沥青前驱体的形成有利。但过量的 l 组分会降低煤焦油沥青的残碳率，影响碳纤维的密度和机械强度。

（四）煤沥青与石油沥青的区别

与石油沥青相比，煤沥青有以下特点：①芳香组分含量多，成分较石油沥青复杂，气味比石油沥青难闻，致癌物质较多。②易结晶的成分多，故温度稳定性差。③不饱和的芳香组分多，其耐氧及紫外线老化的能力差。④黏附性能好。煤沥青中有较多极性物质，有较高的表面活性。防腐性能好。芳香组分有毒性，可以阻止多种微生物的生长。

芳香组分含量多、易结晶、流变性能优越及成本低廉使煤沥青成为制备碳纤维的最佳原料。

五、沥青基碳纤维的制备原理

制备碳纤维的原料有多种，如甲烷、乙烷、苯蒸气、高分子聚合物（人造纤维、聚丙烯腈、聚氯乙烯、酚醛树脂）和沥青等。但商用碳纤维的制备只能来自三种物质：聚丙烯腈、沥青和有机纤维（尼龙丝、腈纶丝等）。

尽管碳纤维由于其优越的性能而有着广泛的应用，但生成制造成本过高、前驱体产率较低以及技术过于复杂制约着碳纤维产业的发展。然而沥青基碳纤维的低成本和高碳含量决定了其卓越的竞争力和乐观的发展前景。

以煤焦产业的大宗产物——煤沥青为原料生产碳纤维具有重要的社会与经济效益。煤基多联产技术的发展制约因素之一是生产过程中存在大量废余物——煤焦油沥青，只有解决了多联产残余物的出路，才能将煤基多联产技术向纵深发展。从煤焦油沥青制备碳纤维可大幅提高沥青的附加值，实现沥青的变废为宝，同时还可以减少能耗及污染物的排放。因此，大力发展煤沥青基碳纤维不仅有利于国家煤炭产业结构的调整，而且对节能减排具有重大贡献。

煤沥青基碳纤维的制备一般包括原料萃取、缩聚反应、纺丝、碳化等流程。实验研究表明：控制制备碳纤维的关键步骤是前驱体的缩聚反应和碳纤维的高温碳化反应。

（一）缩聚反应

研究认为，沥青在生成前驱体的反应过程中机理如下：芳烃性重质油（相对分子质量 400～600）如石油沥青、煤沥青等多环芳烃有机物在 350℃以下首先形成各向同性的塑形体（母体），然后在 350℃以上较高温度下通过热加工，经历热解、脱氢、环化、芳构化、缩聚等一系列化学反应，逐步形成相对分子质量大的具有圆盘形状的多环缩合芳烃平面分子，多环芳烃大分子通过 $\pi-\pi$ 共轭作用以及取向和范德瓦耳斯力促使其聚合而从母体中形成晶核，这个过程在初期是可逆的，一旦形成核，便从周围母体中吸引组分分子而逐渐长大，此后的核晶化则不可逆。

在沥青中的苯环发生缩聚反应时，初步形成少量苯环稠合在一起的化合物，保持组分具有较高的芳香度，同时提高组分大二键共轴结构的体系含量，为后续的高温碳化提供良好的前驱体。

（二）高温碳化

碳化，就是以有机物为原料，通过高达 1 400 K 的热解使碳含量逐渐增加而形成几乎是纯碳产物的过程。有机化合物加热时的变化极为复杂，但归根到底都是键的断开并重新形成更稳定的键。以能量的观点来看，反应是向生成更稳定系统的方向进行的。

根据 Fiter 等整理的各种代表性化合物的热力学数据为基础，可以得出这样的结论：无论对何种有机化合物进行加热碳化处理，在 600℃左右时均开始生成芳族化合物，与此同时，生成诸如 H_2、CH_4、CH_3CHO、CO 和 CO_2 等由非碳元素或碳与非碳元素组成的低分子化合物。随着温度的进一步升高，产物中缩合芳环的数量将越来越多。

可以用化学键的解离能研究有机化合物的碳化产物。从常温开始加热，随着温度的升高，C—C 首先断裂，然后形成烯烃，再成为芳族环，接着离解能比芳族 C—C 键更小的 C—H 键发生断裂，并沿增加芳环环数的方向变化。显然，这个有机物加热变化得到的最终产物的趋势与能量观点所得的趋势是一致的。

总之，随着温度的升高，芳香族化合物变为最稳定的化合物。所以，将有机物加热碳化，一方面生成低分子化合物，另一方面在残留的液相和固相中进行芳构化。

通过控制升温速率使沥青纤维充分发生芳构化反应，可以制备出高强高模的沥青基碳纤维。

六、沥青基碳纤维的制备工艺

由沥青制取碳纤维的整个工艺流程包括：纺丝沥青的调制，熔融纺丝，不熔化处理，碳化及石墨化。

（一）调制纺丝沥青

原料煤沥青、石油沥青或其他沥青的化学组成相当复杂，需经调制、精制和纯化后方可用来纺丝。沥青的预处理和调制的目的是：①滤除各种一次性不溶物，包括游离碳、炭黑等固体杂质以及喹啉不溶物。②纯化沥青原料，特别是 S、N、O 等有害物质。③调控相对分子质量、相对分子质量分布及其流变性能，使其在纺丝过程中保持非触变，能稳定地连续纺丝。通过对沥青原料的液相炭化可制取液晶态的中间相沥青，用来纺制高性能的沥青基碳纤维。

（二）沥青的熔融纺丝

熔融纺丝制造沥青纤维时，可采用一般合成纤维工业中常用的熔融纺丝方法，例如挤压式，离心式等。其纺出的纤维直径要尽可能细而均匀，才能得到性能优异的碳纤维。

用挤压式纺丝机纺制中间相沥青时，沥青被加热熔融，其熔体在压力的作用下，恒速通过喷丝孔，其纺出的纤维被收丝机卷绕。当熔融沥青通过喷丝孔时，则产生剪切力，使中间相的大分子沿纤维轴取向排列；同时，可调节纺丝和卷绕速度，形成一定的牵伸，使大分子进一步取向。沥青熔体在纺丝过程中的主要流动形式有：毛细管流动、分叉流动、渗透流动、汇聚流动（缩流）和外延流动，其中毛细管流动、汇聚流动和外延流动是最关键流动形式，直接影响纤维结构的形成。

当纺丝设备和喷丝孔选定后，纺丝温度、压力、卷绕速度等成为纺丝过程的主要影响因素。纺丝温度在保证沥青熔体可纺性的前提下，应低于沥青的焦化温度和调制沥青的最高温度；熔融沥青在纺丝机里的停留时间也应严格控制，以防停留时间过长而引起中间相本身的变质。在每次纺丝完成后，纺丝设备要进行认真清洗，除去所有焦化残留物质及其他残留物。利用中间相的磁学性能可在磁场里纺出高取向度的沥青纤维。

（三）不熔化处理

沥青纤维是热塑性物质，在高温下不能保持原有纤维形状而发生软化、熔融，未经不熔化不能直接炭化，炭化前必须进行不熔化处理将其从热塑性变为热固性，以保证取向的沥青分子在后续工艺过程中不因熔融而解取向或分解。不熔化的交联反应通常是通过氧来实现的，故沥青的"不熔化"也称之为"预氧化"。预氧化还可以提高沥青纤维的力学性能，提高炭化前纤维的拉伸强度。

预氧化处理的实质是使沥青分子通过氧桥（主要是内酯）与其他分子相连的一个缩合过程。最终使这些分子能够通过氧化缩合反应而固定在构成纤维的大分子网上，并且大分子间可通过含氧基团连接成更大的分子网，为以后的炭化过程提供不熔化的稳定结构。此外，因中间相沥青纤维为各向异性纤维，除稳定化作用外，氧化处理还起到固定分子取向的作用，使沿轴取向的平面分子通过氧桥相互连接构成沿轴取向体，这种连接可以避免在炭化的高温作用下变成垂直纤维轴的取向体。

预氧化处理可采用气相氧化，也可采用液相氧化，或者二者相结合。气相氧化可用臭氧、富氧气体、空气以及 SO_3、SO_2，N_2O_5，NO_2 等各种氧化性气体，液相氧化则可用硝酸、硫酸、高锰酸钾和过氧化氢等氧化性液体。臭氧处理一般是在 70℃处理 1～3 h，然后再在空气中加热至 260℃，臭氧化处理操作困难，设备昂贵。工业生产中一般采用空气氧化法，空气氧化的特点是氧化温度比臭氧化高，反应主要是侧链烷烃部分被氧化及形成交联结构，而芳核比较稳定。所以，氧化的结果是在热反应性差的芳香族化合物中引入热反应性高的含氧官能团，利用这一反应性使沥青纤维能在熔点以下的温度进行缩合反应。在上述气相氧化处理时，处理温度都在 200～400℃。

氧化终温、升温速率、恒温时间、氧化介质等氧化工艺参数，对最终碳纤维的力学性能具有非常大的影响。氧化过程的氧化程度（含氧量）及氧沿纤维径向的浓度梯度是衡量氧化结果的主要标准。

预氧化处理的条件随原料不同而变化。一般含碳量高，有侧链及脂肪氢时，只用空气氧化即可；反之，含碳量少或含碳量高但没有活性基团的稳定化合物，要求更特殊的处理条件。

（四）炭化、石墨化

1. 炭化

不熔化后沥青纤维应在惰性气氛中进行碳化处理，以提高最终力学性能。碳化通常指在1 800℃以下的高纯氮气中对预氧化纤维进行高温热处理。碳化时，单分子间产生缩聚、交联，同时伴随着脱氢、脱甲烷、脱水反应，由于非碳原子不断被脱除，炭化后的纤维中碳含量大幅提高，碳的固有特性得到发展，单丝的拉伸强度、模量增加。

碳化过程是分子间的缩聚反应，因脱除小分子化合物导致纤维的热收缩，同时会产生多种内部应力，内应力和热收缩会导致分子矩阵和纤维出现缺陷、裂缝，降低其物理机械性能。但碳化理论、结构形成机理尚且不是非常清楚，关于碳化过程中纤维微结构、尺寸的变化与性能的关系方面的研究需继续深入。

2. 石墨化

石墨化处理是在接近3 000℃的高纯氩气条件下，将碳纤维进行石墨化处理，形成类石墨结构，同时赋予其更加特殊的性能。

不同种类的碳纤维，石墨化处理的影响不同。对于中间相沥青基碳纤维，高温作用下，纤维中的石墨片层结构不断发展、完善，晶体尺寸长大，晶面间距减小，微晶取向度进一步提高，纤维的密度、含碳量、机械性能、导热导电性不断提高。而对于各向同性沥青基和PAN基碳纤维，高温石墨化后强度反而会下降，模量提高幅度不大。

纤维的乱层石墨结构缺乏三维有序性，层间距较大，边缘参差不齐。随着石墨化温度越高，微晶层间距变小，二维乱层石墨结构向三维有序的石墨结构转变。

第五节 活性炭

一、概述

活性炭是一种古老的产品，应用非常广泛。它是指经过一定工艺处理、内部孔隙发达、具有吸附分子级物质能力的含碳材料。活性炭的研究源于制糖业对高效脱色剂的需求。19世纪中叶，欧洲的一些学者在实验室中完成了试验，但没有实现工业化生产。20世纪初，在欧洲首先实现了从实验室到工业化生产的过渡。第一次世界大战中毒气在战场上的使用，为活性炭在军事上的大规模应用提供了契机，活性炭作为军需品得到了迅速的发展，也为活性炭的理论研究注入了活力。随后活性炭的应用领域不断扩大，生产规模增长很快，理论研究也取得了惊人的成就，特别是吸附理论的研究十分活跃，出现了许多理论和学说，对活性炭的孔隙结构和吸附机理的认知逐步清晰和深化。生产的发展为理论的建立提供了基础，理论的研究又促进了新产品的开发和新的应用领域的开拓。生产和理论相互促进，使整个活性炭领域得到了空前的发展。到目前为止，活性炭的研究开发工作和理论研究仍处于发展之中，活性炭新品种不断出现，呈现出十分繁荣的景象。

活性炭巨大的吸附能力主要归功于其发达的内部孔隙。正是由于内部孔隙的表面提供了吸附质被吸附的场所，因此，比表面积是活性炭的一项重要指标。根据国际纯粹和应用化学联合会（IUPAC）在1971年的建议，活性炭的孔隙可分为微孔（＜2.0 nm）、中孔（2.0～50 nm）和大孔（＞50 nm）。其中微孔提供的比表面积占95%以上，中孔比表面积一般小于5%，大孔比表面积几乎可以忽略。微孔又常常被进一步划分为超微孔和次微孔。

不同大小的孔隙具有不同的物理意义。微孔：孔隙与被吸附的物质分子相近，在较低的平衡压力下就可达到很大的吸附能力。微孔中的吸附是以微孔充填的机理进行的。活性炭的比表面积主要是由微孔贡献的。中孔：亦称为过渡孔，孔隙中的吸附是以毛细管凝聚机理进行的。中孔的比表面积一般小于总比表面积5%。大孔：其上限是500～2 000 nm。它是按毛细管凝聚机理进行的。通常，活性炭的吸附作用主要是在微孔中进行的。但大孔和中孔也发挥作用，大孔作为通道，中孔在吸附尺寸较大的分子或者作为催化剂载体使用时起关键作用。

二、活性炭的分类

①按外形分，活性炭的种类有：颗粒活性炭（GAC）、粉状活性炭（PAC）、纤维活性炭（FAC）、微球活性炭。

②按使用场合分，活性炭的种类有：气相炭、液相炭等。

③按用途分，活性炭的种类有：溶剂回收炭、气体净化炭、脱色炭、药用炭、催化剂炭、变压吸附炭、黄金炭、脱硫炭、血液灌流炭、水处理炭等。

④按制造方法分，活性炭的种类有：物理法炭、化学法炭（包括氯化锌炭、磷酸炭等）。

⑤按原料分，活性炭的种类有：木质炭、煤质炭、生物质炭、树脂炭、沥青炭等。

⑥按孔径分，活性炭的种类有：微孔炭、中孔炭等。

三、活性炭的结构

活性炭、木炭、焦炭及炭黑等形成一族称为"无定形碳"的含碳物质。这些物质的结构或多或少地与石墨结构相似，但同石墨晶格相比，在层片大小、层面内碳原子的六角形排列的完善度、平面化程度及层间距等四个方面有程度不同的差距。

活性炭含有类石墨微晶结构，其微晶类似于石墨的二向结构，但整体上是一种乱层状结构，显示出各向同性特点。这种乱层结构是构成活性炭孔隙结构的基础。

活性炭是一种疏水性的非极性吸附剂，能选择性地吸附非极性物质。但是，当活性炭表面上有表面氧化物和灰分存在时，就增加对极性物质的吸附能力。

活性炭具有很强的吸附能力，并能吸附多种物质，主要是它具有很大的比表面积和大量的细孔，而这些细孔壁上的碳，通过分子引力作用，吸附（物理吸附）着大量的物质。由于分子力的普遍存在，所以它能吸附多种物质，但因被吸附物质的性质不同，被吸附物质的数量也有差异。另外，活性炭表面上的碳原子能与氧、硫、氢、氮、氯等杂原子生成官能团或表面络合物，特别容易生成表面氧化物，从而对活性炭的吸附性能及催化性能等有很大的影响。就活性炭的吸附性能讲，由于活性炭表面氧化物的酸碱性不同，它所能吸附的物质也不同。当活性炭的表面具有酸性含氧化物时，它就能吸附碱金属氢氧化物；而当活性炭表面具有碱性含氧官能团时，它就能吸附酸类物质。这种靠化学键的作用而产生的吸附为化学吸附。因活性炭兼有物理吸附和化学吸附的作用，所以它能吸附许多物质。

（一）活性炭的化学组成

活性炭的吸附性能不仅决定于它的孔隙结构，而且受到活性炭化学组成，尤其是表面化学组成的影响。在活性炭表面上起决定作用的吸附力是范德瓦耳斯力中的色散力；但由于活性炭微晶结构中往往含有部分晶体不完整的石墨层，这些石墨层会明显改变碳骨架中电子云的排布，出现不饱和价和不成对电子，进而影响活性炭的吸附性能，特别是影响对极性和非极性物质的吸附。此外，活性炭中炭结构上结合的氧、氢、硫、氯等元素以及无机杂质也对吸附性能有很大的影响。

活性炭的化学组成分为有机组成和无机组成两部分，它与制备活性炭的原料的组成、性质以及制备的工艺过程有很大的关系。

（二）活性炭的元素组成

活性炭主要由碳元素组成，此外还有氢、氧、氮、硫等元素。活性炭的有机组成部分中，氧含量在 4% ~ 5%、氢含量在 1% ~ 2%。

（三）活性炭的表面化学组成与有机官能团

活性炭有机质的分子结构除了碳骨架以外，还有由碳、氧等元素形成的原子基团，称为官能团。这些官能团的存在对于活性炭的吸附过程有重要的影响。

活性炭的有机官能团主要是含氧官能团。活性炭制备方法和工艺对产物含氧官能团的种类和含量有很大影响。水蒸气法制备的活性炭中，氧主要以羟基和羧基的形式存在；氯化锌法生产的活性炭中，羰基氧和醚基氧占的比例较大。活性炭中常见的官能团有羧基、羟酚基、醌型羟基，以及醚、过氧化物、酯、荧光素内酯、二成酸酐和环状过氧化物。

（四）活性炭的灰分

活性炭灰分的组成十分复杂，主要是硅、铁、钙、镁、铝、钠、钾的氧化物和盐。煤基活性炭的灰分主要是 SiO_2、Al_2O_3、CaO、MgO、Fe_2O_3 等。活性炭灰分中的碱金属化合物一般溶于水；碱土金属如钙的氧化物溶于醋酸；最难处理的是酸性化合物，它们只能用氢氟酸除去。

成品活性炭的灰分含量受原料、活化方法、成品炭后处理方法的影响很大。以低灰的宁夏太西煤为原料，制备出的活性炭灰分在 10% 以下，而大部分的煤质活性炭的灰分均高达 20% 以上。制备的活性炭经过蒸馏水抽提、醋酸处理或氢氟酸洗涤，其灰分含量将依次减少。工业上一般采用盐酸洗涤的方法处理活性炭，除去部分无机质，同时，活性炭的比表面积一般得到略微的提高。

值得指出的是，活性炭经酸洗后，在其表面上往往形成含氧化合物，活性炭的表面会由疏水性转化为亲水性，从而影响到活性炭的吸附性能。

四、活性炭的制造

活性炭的制备方法有物理活化法和化学活化法。物理活化法是将试样先进行炭化，然后直接或经预氧化后在二氧化碳或水蒸气的气氛下高温反应，烧蚀部分碳来获得相应的孔结构，其孔隙率与孔分布取决于内部碳的烧蚀率。目前国内多采用物理法制备煤基活性炭。

化学活化法有氯化锌活化法、磷酸活化法、氢氧化钾活化法和其他化学品活化法（硫酸、硫化钾、氯化铝、氯化铵、硼酸盐、硼酸、氯化钙、氢氧化钙、氯气、氯化氢、铁盐、镍盐、硝酸、亚硝气、五氧化二磷、金属钾、高锰酸钾、金属钠、氧化钠和二氧化硫）。其中，目前经常使用的是氯化锌活化法和磷酸活化法。制备方法是用一定浓度的氯化锌、磷酸等化学试剂浸渍原料，然后在一定的温度下活化，直接制得活性炭。化学活化法主要用来制备木质活性炭。为了调控活性炭的孔隙结构，也可将化学法和物理法联合使用。

随着物理法和化学法制备活性炭适用原料不同，活性炭的孔隙结构、表面性质等方面都有很大区别。

通常，煤质活性炭制备的主要步骤包括：炭化、活化和后处理。若生产煤质柱状活性炭，在炭化之前还要有煤炭磨粉、加煤焦油黏结剂搅拌捏合、压力机上挤条，然后才是炭化等工序。下面介绍物理法煤质柱状活性炭的制备工艺。

（一）磨粉

为了使原料煤均化，在水分、黏结剂存在的条件下，容易发生界面化学性凝聚，有助于提高定形碳强度，因此，在工业生产允许的条件下，必须尽可能地将原料煤磨细。通常全部磨细到100网目以下，其中200网目以下的含量占90%以上。

（二）捏合

为了使煤粉和水分、黏结剂混合均匀，把原料压密，以得到致密和强度高的定形碳，成型前必须先进行捏和。

捏和过程中添加的黏结剂，要具有良好的浸润性、渗透性和黏结力，与炭捏和后，具有良好的可塑性，一般采用煤焦油、木焦油做黏结剂，要求焦油中的沥青含量55% ~ 65%为宜。黏结剂的用量要适宜。黏结剂过少，混合料的可塑性差，成型困难，炭条易断，表面粗糙；黏结剂过多，炭条易变形，炭化时会出现结块现象。

（三）挤压成型（挤条）

混合好的物料在液压压力机上通过合适的模具挤压成条状。

（四）炭化

将挤压成型的炭条在600 ~ 700℃条件下加热，除去焦油和挥发分，并形成初始孔隙，为下面的活化步骤创造条件。炭化后得到的物料称为炭化料。

（五）活化

活化过程就是在900℃左右，在活化炉内通入水蒸气与炭化料进行活化反应，使活性炭产生孔隙。影响活化的因素有以下几点：

1.原料煤的性质：不同的原料煤，碳含量、非碳元素含量、挥发分含量、无机质的种类与数量以及显微组分也不相同。这样，炭化后所得的炭化物性状差异很大，与活化剂的反应速度，反应的气、固相产物也不同。

2.活化剂的种类与流速：各种活化剂与碳的反应速度是不同的。若以碳与二氧化碳的反应速度为1，那么碳与水蒸气的反应速度为8，碳与氧的反应速度高达100。以不同活化剂制得的活性炭的吸附能力也有很大的差异。由于水蒸气能充分地扩散到炭化物的细孔内，使活化在颗粒内均匀进行，因此用水蒸气活化所得的活性炭具有较优的吸附能力。随着活化剂流速的增大，活化速率提高，但活化剂的流速达到一定值后，反应速率是一个常数。活化剂的流速应适中，并根据活化剂的种类和产品的用途而定。活化剂流速较低时，活性炭的微孔容积大；流速过高时，由于颗粒外部表面的过烧蚀，并产生不均匀活化，反而使微孔量减少。

3. 活化温度：碳与活化剂的反应所得随温度的升高而增加。但是，过高的活化温度造成活性炭的孔隙结构发生变化，大孔增加，细孔减少，吸附性能变差，活化的数量也减少。活化温度应根据炭化料的性状、活化剂的种类、产品的用途等条件确定。

4. 活化时间：活化时间的长短，影响到活化的烧失率。在原料、活化剂种类、活化温度等条件一定时，活化时间越长，烧失率越高。如前所述，不同的烧失率下得到的活性炭具有不同的孔径分布。

5. 炭化物的颗粒尺寸：活化时，活化剂只有扩散到炭化料颗粒内部才能发生有利于孔隙度发育的气固发育；活化反应的气体产物也需要从颗粒内部扩散出来才能保证活化的正常进行。炭化物颗粒粒度大，常常发生表面已大量烧失而内部尚未达到完全活化的现象。粒度小的炭化料活化速度快而且均匀。但是，粒度过细，造成炭层的流体阻力增加，影响活化的均匀性。炭化料颗粒的选择还受到活化设备的影响。流化床活化或固定床煅烧法可用细颗粒炭化料；移动床活化一般使用较大颗粒的炭化料。

6. 炭化物内所含的无机物的种类与数量：一些碱金属、铁、铜等的氧化物或碳酸盐对碳与水蒸气的反应有催化作用。催化作用常常导致活性炭的孔隙增大，大孔和过渡孔的含量增加。因此，炭化料中无机质的种类和含量对活性炭的吸附性能有很大的影响，特别是用作催化剂或常见载体的活性炭，对无机成分的要求更高。为解决这个问题，在工艺中可在活化前进行酸洗脱灰。

7. 原料预处理、炭化条件：受氧化后的原料炭化所得到的炭化料，在活化的开始阶段，活化速度较快。造成这种现象的原因在于氧化使得炭化物所含的含氧官能团的量增多，在活化开始时由于较多的活性点而表现出较快的活化速度。炭化低温区引入空气部分氧化可使生成的活性炭具有较高的吸附性能。氧化造成炭化物中无定形碳的量增大，活化时易生成微孔，使得过烧失阶段（相邻孔壁烧穿，小孔变大孔，比表面积值等指标下降）的到来得到延缓，使高比表面积活性炭的制造成为可能。较慢的炭化升温速度可使炭化物在活化阶段制取吸附性能好的活性炭。缓慢炭化的作用在活化阶段的后期更加明显，当烧失量达50%时，缓慢炭化使活性炭的比表面积和碘值的增加势头不减。而快速炭化的炭化物在活化时，随烧失量的增加，活性炭吸附性能的提高趋于平缓，而且炭化速度越快，吸附性能提高得越缓慢。

（六）后处理

活性炭在活化炉完成活化过程之后，一般要进行筛分，若用户需要超低灰活性炭，往往还需要进行酸洗、干燥等后处理过程，以满足用户对产品质量的要求。

五、活性炭的用途

（一）活性炭在食品工业和饮用水等方面的应用

活性炭在油脂工业上用于浸出溶剂的回收、油脂中有毒杂质和色素的脱除、油脂的氢化加工等；在饮用水处理上用于有毒物质如三卤甲烷、农药等的吸附、异味的脱除等；在酒类生产中用于脱除不正气味、改善颜色、减少粗馏物中的醛、油等的含量和加速酒的成熟；在啤酒酿造过程中，用于水处理、空气和二氧化碳的净化以及纠正啤酒的颜色，脱除酚、着色剂等产生的臭气；在制糖业中用于糖液脱色；在香烟中用于吸附烟气中的尼古丁、焦油等有毒物质。

（二）活性炭在医学领域的应用

活性炭可用作外敷或内服药物，如将干粉活性炭放入绷带中敷裹于伤处，可治疗溃疡、化脓性创伤、烧伤等；在内科上主要用于治疗肠道疾病，如痢疾、伤寒等，还可用作许多毒物的急救解毒药；活性炭可作为其他药物的载体，使药物缓慢释放，延长作用时间；活性炭可用于人造肝，吸附血液中的尿酸等有害物质；活性炭用于人工肾，主要对透析液中的尿酸、血尿素和肌酸酐吸附脱除，使透析液循环使用。

（三）活性炭在制药工业上的应用

活性炭对许多生物化学药品具有脱色、除臭和净制作用，广泛应用于抗生素、维生素、解热药、磺胺药、抗结核病药、生物碱、激素、注射液等药物的脱色和净制，以消除药物中的重金属和有害物质，消除热源等。

（四）活性炭在催化剂和催化剂载体方面的应用

活性炭本身具有一定的催化活性，可单独作为催化剂使用，也可作为催化剂的载体，如用于葡萄糖制葡萄糖酸钠、钙催化剂 Pd-Bi/C 的载体，选择性好、糖转化率高；合成醋酸乙烯催化剂醋酸锌的载体；氯乙烯单体合成用催化剂升汞（氯化汞）的载体等。

（五）活性炭在煤气脱硫上的应用

在煤或石油制取合成气的过程中，煤气中的 H_2S 和 COS 是甲醇、甲烷化、氨合成等催化剂中毒的主要因素。活性炭用于煤气的精脱硫效果良好，可以将 H_2S 脱至 0.2×10^{-6} 以下，大大低于合成气小于 1×10^{-6} 的要求。

（六）活性炭在烟道气脱硫脱硝中的应用

煤炭是我国最主要的能源，在煤炭燃烧过程中会产生大量的 SO_2 和 NO_x，这两种酸性氧化物是大气污染的主要成分。利用活性炭的高吸附能力脱除烟道气中的 SO_2，和 NO_x 成为研究的热点之一。

（七）活性炭在溶剂回收中的应用

在橡胶、塑料、纺织、印刷、油漆、军工等工业领域内，均需使用大量的有机溶剂。如油漆工业中的信那水、发射药生产中的乙醇、乙醚等。为了安全生产、保证工人健康、降低生产成本、减少环境污染，必须进行溶剂回收，其最有效的方法是用活性炭吸附。

（八）活性炭在污水处理方面的应用

在几乎所有的工业生产过程中都会产生废水，特别是化工产品的制造，污水的产生更是不可避免。活性炭在处理低浓度污水时显示出极佳的效果。

（九）活性炭在呼吸器材上的应用

活性炭在呼吸器材上的应用始于军事防毒面具的需要。

除了前述用途之外，活性炭在其他方面也有广泛的应用，如电子器件生产车间空气的净化、复印机含臭氧空气的净化、血液净化、大容量电容器、天然气贮存、食品保鲜、核电厂废气处理、汽车汽油挥发损失控制装置、黄金提取、防化服装、变压吸附分离空气等。

第三章 煤炭加工工艺性质检测

第一节 煤炭试验方法的一般规定

选煤试验方法一般规定包括试验方法煤样、设备和仪器、重液配制、试验与测定、精密度、试验结果的表达和符号。

一、定义

（一）泥化比 N

泥化比是指矸石泥化后，小于 $500\mu m$ 筛下物所占百分数。

（二）重复性界限和再现性界限

重复性界限：在同一实验室中，由同一操作者，用同一台仪器，对同一分析试验煤样，于短期内所做的重复测定，所得结果间的差值（在95%概率下）的临界值。

再现性界限：在不同实验室中，对从煤样缩制最后阶段的同一煤样中分取出来的、具有代表性的部分所做的重复测定，所得结果的平均值间的差值（在95%概率下）的临界值。或者，由两个不同试验人员，在不同的时间，利用不同的试验仪器，对同一煤样的缩分进行两次试验所得结果差值在特定概率下的临界值。

（三）煤样

1.煤样的采取和制备按相关标准执行。

2.煤样应晾晒至空气干燥状态。制备好的煤样应当用塑料袋或其他容器密封保存，避免风化。

3.称取煤样时，应先充分掺混均匀，再缩分称取。

4.煤泥水试样的采取、缩制和存储参照《选煤厂煤泥水自然沉降试验方法》（GB/T 26919—2011）和《选煤厂技术检查》（MT/T 808—1999）进行。

二、设备和仪器

（一）称量设备

称量设备采用最大称量为 500 kg（或 200 kg），100 kg，20 kg，10 kg 和 5 kg 的台秤、案秤和电子秤。台秤或案秤最小刻度值、电子秤最小感量应符合规定。最大称量为 2 kg 的电子天平或分析天平，感量应为 0.1 g。精密电子天平或分析天平，最大称量 100 ~ 200 g，感量 0.000 1g。

（二）干燥设备

干燥箱：自控温度、调温范围为室温 ~ 200℃。

可调变温电炉：500 ~ 2 000 W。

电热板：1 500 W。

电炉：1 000 ~ 2 000 W。

（三）计时装置

自动计时器：量程 0 ~ 10 min，精度 1 s。

秒表：精度 0.01 s。

（四）试验筛

孔径为 45μm，75μm，125μm，500 和 1 mm，2 mm，2.8 mm，3 mm，5.6 mm，13 mm（13.2 mm），25 mm，50 mm.80 mm，100 mm，150 mm。必要时增加其他孔径。

（五）各试验方法的专用仪器、设备或用品

各试验方法的专用仪器、设备或用品应符合有关标准规定。

三、重液配制

（1）重液用于各种煤样的各类型浮沉试验，包括煤炭浮沉试验、煤粉浮沉试验、快速浮沉试验等。

（2）配制重液时，应穿工作服，戴眼镜、橡胶手套和口罩。

（3）配制有机重液和进行有机重液的浮沉试验时，均应在通风良好的通风橱内进行。

（4）氯化锌重液和有机重液可参照规定进行配制。

（5）高密度无机重液可采用稀释或蒸发的方法进行配制。

（6）用密度计（最小刻度值 0.001 g/cm^3），检测配制好的重液，重液密度应准确到 0.003 g/cm^3。

四、试验与测定

（一）基本要求

各项试验与测定方法应注意仪器的精确度、用品的准确性及操作的稳定性和测值单位的标准化等。孔径不能用"网目"或"目"表示，而应用"mm"或"ptm"表示；测值应符合精密度要求。

（二）试验用水

1.各浮沉试验产品用自来水冲洗黏附的重液。

2.矸石泥化试验产品用蒸馏水或离子交换水冲洗黏附的煤泥水。

（三）试验允许差值

1.灰分

在筛分试验、浮沉试验、浮选试验中，煤样灰分与各产物（产品）加权平均灰分之间的差值，按煤样灰分的三个区间规定允许差值（相对值或绝对值）分别为＜15%、15% ~ 30%、＞30%。

2.质量

各种试验质量损失允许差值为2% ~ 3%。

五、精密度

试验或测定的精密度用重复性和再现性来表示。

第二节 煤炭及煤粉试验方法

一、煤炭筛分试验方法

为了了解煤的粒度组成和各粒级产物的特性而进行的筛分和测定叫筛分试验。对粒度大于 0.5 mm 的煤炭进行的筛分试验称为大筛分；对粒度小于 0.5 mm 的煤炭进行的筛分试验称为小筛分。本节介绍大筛分试验方法，试验按照 GB/T 477—2008 的规定进行。

由于各种煤的硬度不同，生产条件不同，其粒度分布特性也就不同。

筛分试验资料是合理利用煤炭、制定煤炭产品质量标准的重要依据，是可选性基础资料的重要组成部分，它可以作为设计筛选厂的依据，也可以作为评价选煤作业效果和分析选煤生产情况的依据。粒度组成不同，对分级、沉淀、煤泥水处理等作业以及这些作业的设备选型、处理效果均会产生显著影响。

（一）筛分试验总则

1. 筛孔尺寸

主系列：100 mm，50 mm、13 mm，6 mm，3 mm、0.5 mm。

辅助系列：150 mm、125 mm、90 mm、80 mm、63 mm、45 mm、40 mm、31.5 mm、22.4 mm、20 mm、16 mm，12.5 mm、10 mm、8 mm、5.6 mm、4 mm、2.8 mm，2 mm，1 mm。

根据用户要求适当增减某些尺寸，对于生产煤样，主要系列应为必做项目。

2. 大于 50 mm 的各粒级煤样应首选出煤、矸石、夹矸煤和硫铁矿四种产物。

3. 测定各粒级和各手选产物的产率和灰分、水分、硫分等。

4. 原煤筛分试验前，编制好筛分浮沉试验流程图，也可根据具体情况详细设计。选后产品的筛分试验流程可按具体情况编制。

（二）筛分试验煤样

1. 筛分试验煤样采取方法应符合 MT/T 1034—2006《生产煤样采取方法》的规定。

2. 筛分煤样总质量应根据粒度组成的历史资料和一些特殊要求确定，一般为：设计选煤厂的煤样不少于 10 t，矿井生产煤样不少于 5 t，不做浮沉试验时不少于 2.7 t；选煤厂原料煤及其产品煤样总质量按粒度上限确定：粒度上限为 300 mm 不少于 6 t，粒度上限为 100 mm 不少于 2 t，粒度上限为 50 mm 不少于 1 t。

3. 13 ～ 0 mm 煤样可缩分到质量不小于 100 kg，其中 3 ～ 0 mm 煤样可缩分到质量不小于 20 kg。

4. 筛分煤样应是空气干燥状态。

5. 收到煤样后，筛分试验应当在 3 d 之内开始进行试验。

（三）筛分设备

1. 称量设备

称量设备采用最大称量为 500 kg J 00 kg、20 kg JO kg 和 5 kg 的台秤或案秤各一台每次过秤的物料质量不得少于台秤或案秤最大称量的 1/5。

2. 筛子

筛子的孔径一定要符合标准。

（1）孔径为 25 mm 及以上的用圆孔筛，筛板厚度约为 1 ~ 3 mm。

（2）孔径为 25 mm 以下的采用金属丝编织的方孔筛。筛分前应进行检查，确保筛孔无变形、无破损。

（3）人工筛分时，筛框可用木材制作，规格为：筛面尺寸为 650 mm × 450 mm；筛框高度（130 ± 10）mm；手把长（170+10）mm 左右。

（四）筛分操作

1. 筛分试验应在筛分实验室内进行，室内面积一般为 120 m² 地面为光滑的水泥地。人工破碎和缩分煤样地方应铺有厚度约 8 mm 的钢板。

2. 选用的最大孔径试验筛要保证筛分试验后筛上物的质量不超过筛分前试样的 5%，且其他粒级煤的质量均不超过筛分试样总质量的 30%，否则，适当增加粒级。

3. 筛分操作一般从最大筛孔向最小筛孔进行。如煤样中大粒级含量不多时可先用 13 mm 或 25 mm 筛孔的筛子截筛，然后对筛上物和筛下物分别从大的筛孔向小的筛孔逐级地筛分，各粒级产物应分别称重。

4. 筛分试验时往复摇动筛子，速度要均匀合适，移动距离为 300 mm 左右，直到筛净为止。每次筛分新加入的煤量应保证筛分操作结束时，试样覆盖筛面面积不大于 75% 且筛上煤粒能与筛面接触。

5. 如煤样潮湿又急需筛分时，可按以下步骤进行：

（1）采取外在水分煤样，并称量煤样总质量。

（2）用筛孔为 13 mm 的筛子筛分，+13 mm 和 -13 mm 两种湿煤样产品；

（3）称量 -13 mm 湿煤样产品，从中取出外在水分样；

（4）把 +13 mm 湿煤样产品的煤样晾至空气干燥状态后，再用 13 mm 筛子复筛一次。称量复筛后的筛上物并对其进行各粒级筛分，称量各粒级产品。将复筛的筛下物称量后掺入到 –13 mm 的煤样中。

（5）从 –13 mm 缩取不少于 100 kg 的试样，晾至空气干燥状态称量，然后进行 13 mm 以下各粒级的筛分和称量。

6. 为保证筛分试验结果的准确可靠，必要时应检查各粒级是否筛净。检查方法为：将煤样在要求的筛子中过筛，取部分筛上物检查，符合规定则认为筛净，采用机械筛分时，亦用上述方法检查是否筛净，以确定机械筛的倾角等主要参数。

7. 采用筛分机筛分时，应使煤粒不产生破碎的情况下在整个筛分区域内保持松散状态，并用上述方法检测是否筛净。

（五）注意事项

1. 筛分试验全过程中严防煤样损失、污染。

2. 试验煤样在采取、运输、筛分过程中严防碎裂。筛分试验煤样应是空气干燥状态。变质程度低的高挥发分的褐煤可以晾至接近空气干燥状态后，进行筛分。

3. 筛分前应认真检查筛子，核验筛孔尺寸，使用筛网孔径要符合标准。对于个别变形、磨损的筛孔应堵死或更换。

4. 筛分煤样的质量按一般情况规定，目的是保证各粒级特别是大粒度有足够的化验用煤样。如果原煤中大粒度产率较低，应当适当增加煤样总量，以满足各粒级浮沉用煤样、化验用煤样的质量要求。

二、煤粉筛分试验方法

煤粉筛分试验（又称小筛分试验）是测定粒度小于 0.5 mm 煤样（煤粉和煤泥）各粒级的产率和质量。试验按照 GB/T 477–2008 的规定进行。

（一）煤样

1. 本试验煤样必须为空气干燥状态，煤样质量不得少于 2 kg。

2. 收到煤样后筛分试验应在 3 d 之内进行。

（二）试验设备

电子台秤：量程 250 ~ 500 g，感量 0.1 g。

干燥设备：恒温箱，调温范围 50 ~ 200℃。

小筛分选用的试验筛应符合 GB/T 6003.1—1997 和 GB/T 6005—1997 的

规定，筛孔孔径分别为：0.500 mm，0.250 mm、0.125 mm、0.075 mm、0.045 mm，如果筛孔孔径不能满足要求，筛孔孔径可增加 0.335 mm、0.180 mm 和 0.090 mm。

（三）试验步骤

1. 把煤样在温度不高于 75℃的恒温箱内烘干，取出冷却至空气干燥状态后，缩分，称取 200.0 g. 称准至 0.1 g。

2. 搪瓷或金属盆盛水的高度约为试验筛高度的 1/3，在第一个盆内放入该次筛分中孔径最小的试验筛。

3. 把煤样倒入烧杯内，加入少量清水，用玻璃棒充分搅拌使煤样完全润湿，然后倒入试验筛内，用清水冲洗烧杯和玻璃棒上所黏着的煤粒。

4. 在水中轻轻摇动试验筛进行筛分，在第一盆水中尽量筛净，然后再把试验筛放入第二盆水中，依次筛分至水清为止。

5. 把筛上物倒入搪瓷或金属盘子内，并冲洗净黏着在试验筛上的筛上物，筛下煤泥经过滤后放入另一盘内，然后把筛上物和筛下物分别放入温度不高于 75℃的恒温箱内烘干。

6. 把试验筛按筛孔由大到小自上而下排列好，套上筛底，把烘干的筛上物倒入最上层试验筛内，盖上筛盖。

7. 把试验筛置于振荡机上，启动机器，每隔 5 min 停机一次，用手筛检查。检查时，依次从上至下取下试验筛放在盘上。手筛 1 min，筛下物质量不超过筛上物质量的 1% 时，即为筛净。筛下物倒入下一粒级中，各粒级都应该进行检查。

8. 没有振筛机，可用手工筛分，检查方法与机械筛分相同。

9. 筛完后，逐级称量（称准至 0.1 g）并测定灰分。

10. 当煤样易于泥化时，采用干法筛分，其试验步骤参照 6. ~ 10. 执行。

11. 筛分过程中不准用刷子或其他外力强制物料过筛。

（四）分析化验项目

分析化验项目同大筛分规定。

（五）试验结果整理

1. 为保证试验结果的准确性，筛分后各粒级产物质量之和与筛分前煤样质量的相对差值不得超过1%，同时用筛分后各粒级产物灰分加权平均值与筛分前煤样灰分的差值验证，否则该试验无效。

（1）煤样灰分小于10%时，绝对差值不应超过0.5%，即：

$$\left| A_d - \overline{A}_d \right| \leqslant 0.5\% \quad (3-1)$$

（2）煤样灰分为10% ~ 30%时，绝对差值不应超过1%. 即：

$$\left| A_d - \overline{A}_d \right| \leqslant 1\% \quad (3-4)$$

（3）煤样灰分大于30%时，绝对差值不应超过1.5%，即：

$$\left| A_d - \overline{A}_d \right| \leqslant 1.5\% \quad (3-3)$$

式中 A_d——筛分前煤样灰分，%；

$\overline{A}_d$——筛分后各产物的加权平均灰分，%。

2. 以筛分后各粒级产物质量之和作为100%，分别计算各粒级产物的产率。

3. 各粒级产物的产率（%）和灰分（%）精确到0.1%。

三、煤炭浮沉试验方法

煤的密度组成是通过浮沉试验来测定的，浮沉试验是用不同密度的重液将煤样分成不同的密度级，以测定各密度级煤的产率和质量。

煤的浮沉试验是评定各种煤（尤其是炼焦用煤）可选性的重要试验。生产炼焦用煤的矿井不但需要对每个可采煤层进行筛分、浮沉试验，而且有时还需要对商品煤进行筛分、浮沉试验。通过原煤浮沉试验结果，选煤厂可以推算出重选的分选密度和精煤的理论产率及其灰分等；对选后产品浮沉试验，可以了解分选效果。有时，由于工业利用的需要，也对无烟煤及其他非炼焦煤进行浮沉试验。煤炭浮沉试验方法按GB/T 478-2008进行。

浮沉分大浮沉和小浮沉。对粒度大于0.5 mm的煤炭进行的浮沉试验称为大浮沉；对粒度小于0.5 mm的煤炭进行的浮沉试验称为小浮沉。

（一）煤样

1. 浮沉试验煤样的质量可以根据试验项目的不同而有所变化。

（1）一般来说，原煤各粒级煤样质量符合表3-1的规定。

表 3-1 给定粒级煤样的最小质量

粒级上限 mm	最小质量 /kg	粒级上限 /mm	最小质量 /kg
300	500	25	15
150	200	13	7.5
100	100	6	4
50	30	3	2

（2）煤样制备应符合 GB 474—2008 规定。

（3）浮沉试验煤样必须是空气干燥状态。

2. 选煤厂产品

（1）精煤、中煤和矸石因密度组成分布不均（集中于某些密度），为保证试验结果的正确和各密度级有足够的分析试样，所需煤样质量应适当增加，增加量一般要大于表 3-1 给定量的 50%。

（2）物料已经流出选别作业，应尽可能快地采样、试验。

3. 进行选煤厂技术检查时，有些试验项目（如快速浮沉）的煤样质量可低于表 3-1 的规定。

（二）浮沉实验室

浮沉试验应在浮沉实验室内进行，室内面积不小于 36 m^2，室温不低于 20℃。

（三）试验设备与仪器

1. 重液桶：用耐腐蚀材料制成，桶高 500 ~ 600 mm，容积不少于 50 L。

2. 网底桶：用耐腐蚀材料制成，圆柱形，桶高比重液桶高 50 mm，直径比重液桶约小 40 mm，上口带有提把，桶底用网孔尺寸为 0.5 mm 的金属编织方孔网制成。

3. 密度计：分度值为 0.002 g/cm^3。

4. 恒温箱：调温范围 50 ~ 200℃。

5. 电子秤或台（案）秤：最大称量为 500 kg（或 200 kg）、100 kg、20 kg、10kg 和 5 kg 的各一台，其感量应符合规定。每次过秤的物料质量不得少于台秤或案秤最大称量的 1/5。

6. 托盘天平：最大称量为 1 kg. 感量 0.001 g。

7. 捞勺：用金属丝编织成网孔为 0.5 mm 的方孔制成。

8. 盘子：用耐腐蚀、耐热材料制成。

9. 煤泥桶：规格与重液桶相同。

（四）重液的配制

配制重液的密度范围通常包括 1.30 g/cm³、1.40 g/cm³、1.50 g/cm³、1.60 g/cm³、1.70 g/cm³、1.80 g/cm³、1.90 g/cm³ 和 2.00 g/cm³。必要时可增加小于 1.30 g/cm³ 和大于 2.00 g/cm³ 的密度级别或增加某些密度级（例如增加 1.25 g/cm³、1.35 g/cm³ 等密度）。

一般选用氯化锌为浮沉介质。氯化锌易溶于水，可参考用水配制重液。氯化锌有腐蚀性，在配制重液和进行试验时要避免与皮肤接触，穿胶鞋，戴口罩、胶皮手套、眼镜和围胶皮围裙等。

（五）试验步骤（以氯化锌为例）

1. 将配好的重液（密度值准确到 0.002 kg/L）装入重液桶中，并按密度大小顺序排好，每个桶重液液面不低于 350 mm。用最低一个密度的重液（应另备一桶）作为每次试验时的缓冲液使用。

2. 浮沉试验顺序一般是从低密度逐级向高密度进行，如果煤样中含有易泥化的矸石或高密度物含量多时，可先在最高的密度液内浮沉，捞出的浮物仍按从低密度逐级向高密度进行。

3. 浮沉试验之前先将煤样称重，放入网底桶内，每次放入的煤样厚度一般不超过 100 mm。用水洗净附着在煤块上的煤泥，滤去洗水再进行浮沉试验。收集同一粒级冲洗出的煤泥水，用澄清法或过滤法回收煤泥，然后干燥称重，此煤泥通常称为浮沉煤泥。

4. 进行浮沉试验时，先将盛有煤样的网底桶在最低一个密度的缓冲液内浸润一下（同理，如先浮沉高密度物，也应在该密度的缓冲液内浸润一下），然后提起斜放在桶边上，滤尽重液，再放入浮沉用的最低密度的重液桶内，用木棒轻轻搅动或将网底桶缓缓地上下移动，然后使其静止分层。分层时间不少于下列规定：

（1）粒度大于 25 mm 时，分层时间为 1 ~ 2 min；

（2）最小粒度为 3 mm 时，分层时间为 2 ~ 3 min；

（3）最小粒度为 1 ~ 0.5 mm 时，分层时间为 3 ~ 5 min。

5. 小心地用捞勺按一定方向捞取浮物，捞取深度不得超过 100 mm。捞取时应注意勿使沉物搅起混入浮物中。待大部分浮物捞出后，再用木棒搅动沉物，然后仍用上述方法捞取浮物，反复操作直到捞尽为止。

6. 把装有沉物的网底桶慢慢提起，斜放在桶边上，滤尽重液，再把它放入下一个密度的重液桶中。用同样方法逐次按密度顺序进行，直到该粒级煤样全部做完为止，最后将沉物倒入盘中。在试验中应注意回收氯化锌溶液。

7. 在整个试验过程中应随时调整重液的密度，保证密度值的准确。

8. 各密度级产物应分别滤去重液，用水冲净产物上残存的氯化锌（最好用热水冲洗），然后在低于 50℃温度下进行干燥，达到空气干燥状态再进行称重。

（六）分析化验和结果整理

1. 各密度级产物和煤泥应分别缩制成分析煤样，测定其灰分（A_d）和水分（M_{ad}）。确定是否测定硫分或增减其他分析化验项目。

2. 各密度级产物的产率和灰分用百分数表示，取到小数点后两位。

3. 当一个或两个相邻密度级产率很小时，可将数据合并处理。

4. 为保证试验的准确性，试验结果要满足浮沉试验前空气干燥状态的煤样质量与浮沉试验后各密度级产物的空气干燥状态质量之和的差值，不应超过浮沉试验前煤样质量的 2%，并用浮沉试验前煤样灰分与浮沉试验后各密度级产物灰分的加权平均值的差值进行验证，否则应重新进行试验。

5. 浮沉试验前煤样灰分与浮沉试验后各密度级产物灰分的加权平均值的差值，应符合下列规定：

（1）煤样中最大粒度 ≥ 25 mm

①煤样灰分 < 20% 时，相对差值不得超过 10%，即：

$$\left| \frac{A_d - \overline{A}_d}{A_d} \right| \times 100\% \leqslant 10\% \quad （3-4）$$

②煤样灰分 ≥ 20% 时，绝对差值不能超过 2%，即：

$$\left| A_d - \overline{A}_d \right| \leqslant 2\%$$

（2）煤样中最大粒度 < 25 mm

①煤样灰分 < 15% 时，相对差值不得超过 10%，即：

$$\left| \frac{A_d - \overline{A}_d}{A_d} \right| \times 100\% \leqslant 10\%$$

②煤样灰分 ≥ 15% 时，绝对差值不能超过 1.5%，即：

$$\left|A_{\mathrm{d}} - \overline{A}_{\mathrm{d}}\right| \leqslant 1.5\%$$

式中 A_{d}——浮沉试验前煤样灰分，%；

$\overline{A}_{\mathrm{d}}$——浮沉试验后各产物的加权平均灰分，%。

6. 将各粒级浮沉试验结果填入浮沉试验报告表中，根据要求将各粒级浮沉资料（包括自然级和破碎级）汇总出 80 ~ 0.5 mm，50 ~ 0.5 mm、13 ~ 0.5 mm 或其他粒级的浮沉试验综合表并绘制可选性曲线。

四、煤粉浮沉试验方法

煤粉浮沉试验（也称小浮沉试验）是测定粒度小于 0.5 mm 煤样各密度级的产率和质量的试验，目的是了解 -0.5 mm 级煤样各密度级的产率和质量，根据试验资料可以评价煤泥（粉）的可选性。把 +0.5 mm 和 -0.5 mm 浮沉资料综合在一起，作为评价原煤可选性的资料。煤粉浮沉试验应在离心力场中进行。实验室面积一般不小于 20 m² 室温不低于 20℃。

尽管煤泥浮选的理论基础是煤和矸石的表面存在物理化学性质差异，但煤的密度与矿物杂质含量几乎成正比的关系，密度越高，矿物杂质含量越多，可以认为煤泥的可浮性随煤的密度的增加而降低。

（一）煤样

1. 煤样应是空气干燥状态，不得少于 200 g。

2. 称量煤样 4 份，每份 20 g（称准至 0.01 g）。

（二）设备与仪器

1. 离心机：转速 3 000 r/min，离心管 4 × 250 cm³。

2. 真空泵：极限真空度 0.05 Pa。

3. 恒温箱：调温范围 50 ~ 200℃。

4. 电子台秤：量程 200 ~ 500 g，感量 0.01 g。

5. 液体密度计：测量范围 1.00 ~ 2.60 g/cm³、测量精度 0.002 g/cm³。

6. 棋盘格：白铁皮制成，200 mm × 200 mm。

7. 通用玻璃器皿：烧杯、量筒、干燥器、洗瓶、滴瓶、下口瓶、漏斗等。

（三）试验准备

1. 组装过滤系统，在烧杯、下口瓶等器皿上贴上相应的标签。

2. 配制重液。

（1）原料

①氯化锌（工业品）或无机高密度液。

②浓盐酸（CR）。

当煤样容易泥化时可以采用四氯化碳、苯和三溴甲烷配制重液；当重液密度大于 1.70 g/cm³ 时，建议采用无机高密度液。

（2）重液密度为 1.30 g/cm³、1.40 g/cm³、1.50 g/cm³、1.60 g/cm³、1.70 g/cm³、1.80 g/cm³ 和 2.00 g/cm³ 必要时可以增加或减少某些密度。

（3）配制有机重液和试验时，应在通风橱内进行，并且应穿工作服、戴眼镜、橡胶手套和口罩，以免重液腐蚀皮肤。

（4）配制氯化锌重液时，应经减压过滤滤去杂质。

（5）配制有机重液和无机重液时，可按规定进行，并用液体密度级检测配制的重液密度。

（6）无机高密度重液可用水稀释或蒸发浓缩的方法配制。

3. 滤纸应先在恒温箱内烘干，取出冷却至室温后称量（称准到 0.01 g）。

4. 在烧杯内配制质量分数为 10% 的盐酸，冷却后移入滴瓶内。

（四）试验步骤

1. 当使用氯化锌重液和无机高密度液时

（1）对配置好的各重液的密度必须进行一次校验，密度值准确到 ±0.002 g/cm³。

（2）将称量好的 4 份煤样分别移入 4 只离心管内，并加入少量密度为 1.30 g/cm³ 的重液，用玻璃棒搅拌使煤样充分润湿，然后加入同一密度的重液，边加边搅拌，同时冲洗净玻璃棒和离心管壁的煤粒，直至液面的高度为离心管高度的 2/3 为止。

（3）把互相对称的两对离心管连同金属套管分别放在托盘天平上，在较轻的一端倒入同一密度的重液，直至两边的质量相等，然后分别置于离心机的对称位置上，盖好离心机盖子。

（4）启动离心机，使转速平稳上升，在达到2000 r/min 以上时开始计时。

（5）10 min 后，切断离心机电源，让其自行停止，待离心机停稳后，打开盖子，小心取出离心管置于离心管架上。

（6）分离浮沉产物时先用玻璃棒沿离心管壁拨动一下浮物表面，然后仔细而又迅速地将浮物倒入同一烧杯内。用热水冲洗净（或用毛笔刷净）管壁上黏着的浮物，但勿使沉物冲下。

（7）在存有沉物的离心管内加入密度为 1.40 g/cm³ 的重液，按上述（2）～（6）规定的方法进行离心分离。其他密度依次类推，直至加入密度为 2.00 g/cm³ 的重液为止。

（8）在布氏漏斗内铺上滤纸，并加水润湿。开动真空泵将滤纸抽紧，把杯内的浮物倒入布氏漏斗内过滤，回收重液，并用热水冲洗烧杯。回收的重液经过滤、浓缩后重新使用。

（9）取下布氏漏斗，用热水把滤纸上的浮物冲洗到原烧杯内。滴入已配好的 10% 盐酸，边滴边搅拌，使白色沉淀消失呈微酸性为止（用 pH 试纸来确定）。

（10）将预先称量好的滤纸折叠成锥形放在玻璃漏斗上加水润湿，打开两通活塞将滤纸抽紧，然后把浮物小心地倒入漏斗内过滤，同时用热水冲洗烧杯，直至冲净为止。各密度级浮物都按第（8）和（9）及本条规定的方法处理。

（11）最后将离心管内大于 2.00 g/cm³ 密度的沉物用热水冲洗到烧杯内，用同样方法滴入盐酸后，按第（10）条规定的方法进行冲洗处理。

（12）将浮沉产物连同滤纸从漏斗上取下放在棋盘格上，在（75±5）℃的恒温箱内烘干，达到空气干燥状态后连同滤纸在电子台秤上称量，记录质量，称准至 0.02 g。

（13）浮物和沉物分别测定灰分，必要时测定硫分。

2. 当使用有机重液时

（1）重复使用配制氯化锌重液时方法中的（1）～（5）步。

（2）分离浮沉产物时先用玻璃棒沿离心管壁拨动一下浮物的表面，然后仔细而又迅速地将浮物移入同一烧杯内，用毛笔刷净管壁上黏着的浮物。

（3）在存有沉物的离心管内加入密度为 1.40 g/cm³ 的重液。按使用氯化锌重液时方法的（2）~（5）步和使用有机重液时的（2）规定的方法进行离心分离，其他密度依次类推，直至加入密度为 2.00 g/cm³ 的重液为止。

（4）在漏斗内铺上滤纸，把烧杯内的浮物倒入漏斗内，过滤并回收重液。

（5）最后将离心管内大于 2.00 g/cm³ 密度的沉物倒在铺有滤纸的漏斗内过滤并回收重液。

（6）重复使用氯化锌重液时的方法（12）~（13）步。如某密度级产物不够化验时，该密度级增做一次试验。

五、煤炭快速浮沉试验方法

煤炭快速浮沉试验的目的在于及时掌握入选原料煤的可选性和选煤产品（或产物）的密度组成，以便控制和指导选煤生产。

（一）一般规定

1. 重液

试验用重液采用氯化锌水溶液，其密度一个相当于精煤的分选密度，另一个相当于矸石的分选密度。重液配制同本章第一节 。

2. 煤样

煤样不分级进行浮沉试验，同时在湿的状态下试验和称量。

（二）试验步骤

1. 用液体密度计（分度值为 0.002 kg/L）校验重液的密度。先将重液轻轻搅拌均匀后，取部分重液放入量筒中，然后将密度计放入量筒中，让其自由沉降，待稳定后记下密度读数。如果密度值符合要求的密度（密度值准确到 0.002 kg/L），则进行下一步试验，否则要重新配置重液。

2. 把快速浮沉试验用煤样放在网底桶中脱泥，滤尽水后，将盛有煤样的网底桶在缓冲液中浸润一下，然后提起斜放在桶边，滤尽重液，再放入低密度重液桶中，用木棒轻轻搅动或将网底桶缓缓地上下移动，使煤粒松散，静止片刻。

3. 用捞勺沿同一方向捞取浮物，将浮物放入带有网底的小盘中。捞取浮物的深度不得超 100 mm，以免搅起沉物。待把大部分浮物捞出后再上下移动网底桶，使夹杂在沉物中的浮物再浮出来，然后仍用上述方法捞取浮物，反复操作直至全部浮物捞尽为止。

4. 将装有沉物的网底桶慢慢提起，斜放在桶边上滤尽重液，再把它放入高密度重液桶中，重复在低密度重液桶中的操作过程。最后将沉物倒入网底盘中。

5. 滤去两个浮物和高密度重液中沉物所带重液，用水冲洗净表面残存氯化锌后称量。

6. 选煤产品（产物）浮沉不需脱泥。

7. 只做一级浮沉时，浮沉前煤样先称量。

（三）注意事项

1. 快速浮沉试验煤样是湿的，因此重液中难免会带入部分水使重液密度变化．所以应经常校验重液的密度。

2. 选煤产品（产物）进行快速浮沉前不需要脱泥，因此重液中难免会带入一些 $-0.5\ mm$ 的煤泥，$-0.5\ mm$ 的煤泥在重液中会改变重液密度，因此要经常清除重液桶中 $-0.5\ mm$ 的煤泥。

3. 快速浮沉试验全过程中要注意氯化锌溶液的回收。要注意人身防护，以免腐蚀皮肤或伤害眼睛。

4. 煤样称量是在湿的状态下进行的，因此要将水分控干净，以免影响试验结果。

（四）结果整理

1. 以浮沉后 3 个密度级产物质量之和作为 100%．分别计算各密度级产物的产率。

2. 只做一级浮沉时，以浮沉前煤样质量作为 100%，计算浮起物的产率。

3. 根据数值修约规则，将各密度级产物的产率修约到小数点后一位。

六、煤粉实验室单元浮选试验方法

煤粉实验室单元浮选试验主要包括三种试验：可比性浮选试验、浮选参数试验、分步释放浮选试验。

（一）煤样

1. 采自生产煤样

在生产煤样进行筛分试验之后，分别缩取自然级和破碎级中小于 0.5

mm 煤粉，按比例掺和，其质量不少于 10 kg。

2. 采自煤层煤样或煤芯煤样

从煤层煤样或煤芯煤样的筛分产品中，制取小于 0.5 mm 煤粉，质量不少于 1 kg。

3. 采自选煤厂浮选入料

按照 MT/T 808-1999 的规定，采取未添加任何浮选药剂的浮选入料，总质量不少于 10 kg。

3. 分析化验与存放

（1）按有关标准进行一系列项目的分析：水分、灰分、全硫、发热量。

（2）按照煤粉筛分试验标准进行煤粉筛分试验。

（3）根据 GB/T 8899—1998 进行煤岩分析。

（4）试验煤样干燥至空气干燥状态后，置于带盖铁皮桶内或外罩尼龙编织袋的塑料袋内存放，存放地点要保持干燥，存放时间不超过 10 个月。

（二）试验煤样和药剂的计算

1. 试验煤样的质量计算公式如下：

$$W = \frac{1.5 \times c}{100 - M_{ad}} \times 100$$

式中 W ——试验煤样质量，g；

c ——矿浆浓度，g/L；

M_{ad} ——试验煤样空气干燥基水分，%。

2. 药剂量的计算

$$V = \frac{W \times q}{d \times 10^6}$$

式中 V ——加入药剂的体积，mL；

q ——药剂单位消耗量，g/t；

d ——药剂密度，g/cm^3。

（三）可比性浮选试验

1. 试验条件

（1）水质：蒸憎水或离子交换水，也可使用自来水。

（2）矿浆温度：（20±10）℃。

（3）矿浆浓度：（100±1）g/L。

（4）捕收剂及其单位消耗量：正十二烷，（1 000±1）g/t 干煤。

（5）起泡剂及其单位消耗量：甲基异丁基甲醇（MIBC），（100+1）g/t 干煤。

（6）浮选机叶轮转速：1 800 r/min。

（7）浮选机叶轮直径：60 mm。

（8）浮选机单位充气量：0，25 m³/（m²·min）。

2. 试验步骤

（1）向浮选槽加水至第二标线，开动并调试浮选机使叶轮转速、单位面积充气量达到规定值，停机后关闭进气阀门，放空浮选槽内的水。

（2）向浮选槽加水至第一标线，开动浮选机后向槽内加入称好的煤样（准确到0.1 g），搅拌至煤样全部湿润后，再加水使煤浆液面达到第二标线。

（3）搅拌2 min后向煤浆液面下加入捕收剂，1 min后再向煤浆液面下加入起泡剂。

（4）搅拌10 s后，打开进气阀门，同时开动刮泡器刮泡，应随着泡沫层厚度的变化全槽宽收取精矿泡沫（切勿刮出矿浆）至专门容器内，控制补水速度，使整个刮泡期间保持矿浆液面恒定。刮泡后期应用洗瓶将浮选槽壁的颗粒冲洗至矿浆中。

（5）刮泡至3 min后停止刮泡，并关闭进气阀门及搅拌机，把尾煤放至专门容器内。沉积在浮选槽下部的颗粒要清洗至尾煤容器中。黏附在刮板及浮选槽唇边、槽壁的颗粒应收集至精煤产品中。向浮选槽加入清水，并开动浮选机搅拌清洗直至干净为止。

（6）将各产物分别脱水后置于不超过75℃的恒温干燥箱中进行干燥。冷却至空气干燥状态后分别称量，测定灰分，必要时测定硫分。

第三节　煤和肝石的泥化试验

煤的泥化包括原煤在加工过程中再粉碎时产生的次生煤泥以及矸石和夹矸煤在加工中的泥化特性，它对煤泥水处理有很大影响。

泥化试验有转筒法和安德瑞逊法。转筒法的试样是原煤，安德瑞逊法的试样是 6 ~ 3 mm 的沉矸。

一、转筒法

（一）方法要点

将试样和水一起置于转筒中，翻转一定时间，然后测定其粉碎程度及其所产生的微细颗粒的特性，同时观察煤泥水的特性。

（二）煤样

煤样取自生产煤样，粒度级为 100 ~ 13.2 mm（综合级），质量 150 kg。采样后立即密封，并注明试样名称、采样日期。将该煤层的顶、底板和夹石特征记录下来。

（三）主要设备和工具

1. 转筒泥化试验装置：转筒为钢制，容积 200。L，高 1 m，翻转速度 20 r/min。

2. 试验筛：选用的试验筛应符合 GB 6003.1—1997《金属丝编织网试验筛》、GB 6004—85《试验筛用金属丝编织方孔网》和 GB/T 6005—2008《试验筛金属丝编织网、穿孔板和电成型薄板筛孔的基本尺寸》的规定，筛孔孔径分别为 100 mm、13.2 mm、500 μm、45 μm。

（四）试验准备

1. 试验前把煤样干燥至空气干燥状态，然后缩制出 4 份质量均为（20±0.5）kg 煤样，分别置于铁簸箕中称量（准确到 0.05 kg）。缩制和称量煤样时，应使用间距为 13.2 mm 的铁叉子。缩制过程中产生的末煤，按比例均摊到 4 份煤样中参与泥化试验。

2. 将转筒和所用器具刷洗干净，备用。

（五）试验步骤

1. 在转筒中放入 1 份煤样，再加入 100 kg 水。

2. 将转筒盖盖紧，然后开始翻转，进行试验。4 份煤样的翻转时间分别为 5 min、15 min、25 min 和 30 min。

3. 翻转结束后，将筒内煤样倒出过筛，分成 ＞ 13.2 mm，13.2 mm ~ 500 μm、500 ~ 45 μm、和 ＜ 45 μm 四个产品。筛分时应喷水，以保证筛分完全。

4. 在试验中，观察记录煤泥水的沉降快慢、黏性大小和细煤泥透筛的难易等情况。对煤样和试验过程中的其他特殊情况也应注意观察和记录，例如煤样中有无极易泥化碎裂的煤块或矸石等。

5. 将各粒度级产品烘干至空气干燥状态称量（准确到 0.05 kg）。

6. 测定 V45 jim 细煤泥干基灰分。

（六）入选原料煤的次生煤泥量

入选原料煤的次生煤泥量可按照此法测定，试样总量为 100 kg。

（七）试验结果的整理

1. 泥化试验前煤样总质量与泥化试验后各粒级产物质量之和的差值，不得超过试验前煤样质量的 3%，否则该次试验无效。

2. 以泥化试验后各粒级产物质量之和作为 100%，分别计算各粒级产物的产率。

3. 将试验结果和观察记录填入"转筒泥化试验结果汇总表"。

二、安德瑞逊法

（一）方法原理

矸石先过筛，制备成 5.6 ~ 2.8 mm 粒级的试样，干燥后的试样置入翻转瓶中加水搅拌。对所形成的悬浮液用孔径 500 μm 的试验筛进行筛分，筛上物干燥称量。最后用沉降法测定 10 μm 以下的细泥含量。

（二）用水

试验用水为蒸馏水或符合饮用的自来水。

（三）仪器设备

1. 试验筛：筛孔尺寸 5.6 mm、2.8 mm、1.0 mm 和 500/m。试验筛应符合 GB 6003.1—1997《金属丝编织网试验筛》的规定。

2. 矸石泥化试验翻转装置：翻转速度为 40 r/min。

3. 恒温水槽：圆形，直径为 300 mm，高 300 mm，用有机玻璃或不锈钢制成。

4. 改制型安氏（Andreasen）沉降装置。

（四）取样及试样制备

若物料足够,可取1 kg、5.6 ~ 2.8 mm粒级的代表性试样。如物料量不足,可将大粒度矸石破碎后的5.6 ~ 2.8 mm粒级物料加入原物料的试样中。若采用上述方法,物料量仍然不足,也可以取5.6 ~ 1.0 mm粒级代替。取样细则应列入试验报告。

试样应从每一煤层的顶板、底板及夹石中采取,要具有代表性。

通过吹风机轻轻脱除试样中的粉末,把试样晾至空气干燥状态,然后将试样封存在密闭容器中以备使用。

（五）试验步骤

1. 测定试样的初始水分

按照 GB/T 211-2007 规定测定空气干燥试样的全水分。

2. 试样搅拌

取空气干燥试样100 g（准确到0.01 g）,置于洗瓶中,加500 mL水。盖严后装到翻转装置上,使其绕横轴翻转,转速为40 r/min,翻转时间30 min。

3. 悬浮液过筛

将漏斗置于量筒上,然后在漏斗上放置孔径为0.500试验筛。将搅拌后的悬浮液倒入筛面上,使固体颗粒在筛面上均匀分布。用洗瓶以25 mL水冲洗洗瓶及筛面。

将筛子由漏斗取出,放入盘子并置于干燥箱中,在105 ~ 110℃的温度下烘干1 h。然后取出盘子,将烘干的试样从筛面上刷入一个已知质量的容器内,放入干燥箱,烘干至恒重,再放入干燥器中冷却,称重（准确到0.01 g）。

4. 细泥的处理

筛上物烘干的同时,用100 mL水冲洗漏斗,将黏附在漏斗上的细泥冲入量筒,向量筒中加水至容积为1 L后,放入恒温槽。

5. 水的制备

试验用水置于一个容量超过2 L的小瓶中,连同沉降装置,一并放入温度已达到平衡的恒温槽中（温差不超过 ±0.2℃）,以后各试验中用水均使用此槽的水。

6.悬浮液浓度调节

按照以下"结果计算"中 1. 的方法计算试样通过 500 μm 试验筛后的筛下物百分数，必要时以筛上物的质量为依据。根据计算结果及试样的质量，得出悬浮液的固体含量。如果悬浮液的固体含量不超过 20 g/L 就可以直接用于做沉降试验，否则就需要将量筒翻转 6 次加以搅拌，然后将一定量的悬浮液刷入第二个量筒，并加水稀释。稀释后将量筒置于恒温水槽中备用。

注：悬浮液中的固体含量应调节到颗粒间相互无干扰的自由沉降为准。如果第一个量筒中悬浮液含 Eg 固体，则转入第二个量筒中悬浮液量不得超过 $\dfrac{2.0 \times 10^4}{E}$mL。

7.沉降时间的测定

额定粒度 10 μm 的固体颗粒沉降 100 mm 所需时间 t（s 用式（4–15）计算：

$$t = 1.223 \times 10^6 \eta \quad （3–5）$$

式中 η——水在试验温度下的动力黏度，N·s/m^2（或 Pa·s）。

（8）以沉降法测定额定粒度小于 10 μm 颗粒（细泥）的百分数

搅拌量筒内的悬浮液，量筒翻转 6 次，将摇匀后的悬浮液倒入安氏沉降装置至 200 mm 刻度处，装上抽吸管后将沉降装置放入恒温槽内。待装置温度与恒温槽温度平衡后，再由槽内取出。用手指堵住气孔，带着抽吸管翻转 6 次，将悬浮液摇匀，随即放入恒温槽中，开始计时，在无振动的条件下进行沉降。到预先计算好的沉降时间 t 后，旋转三通旋塞将容器与抽吸管接通，并在抽吸点处进行平衡抽吸 25 ~ 30 S。

打开三通旋塞使 10 mL 悬浮液通过出口进入已知质量的蒸发皿中，用 12 mL 水冲洗容器，冲洗水也倒入蒸发皿中蒸干。蒸干后再放入 105 ~ 110℃干燥箱内烘干，取出后放入干燥器冷却，称量（准确到 0.000 1 g）。

细泥百分数测定结果的检验：抽出 10 mL 试样后立即将装置内剩余的悬浮液摇匀，然后计时，重复上述试验方法，沉降时间，按式（4–16）计算，因已抽出一部分试样，需要对 h 值进行适当校正。

$$t = \frac{18h\eta}{gD^2(\rho_1 - \rho_2)} \quad （3-6）$$

式中 t——分散球形颗粒沉降时间，s;

h——抽取悬浮液的深度，m;

η——试验时水的动力黏度，N·s/m^2;

g——重力加速度，9.8m/s^2:

D——颗粒粒度，10^{-6}m;

ρ_1——颗粒密度，2 500 kg/m^3;

ρ_2——液体密度，1 000 kg/m^3。

（六）结果计算

1. 物料过 500 试验筛后的筛下物干基质量百分数 T 按式（3-7）计算:

$$T = 100\left[1 - \frac{100R}{W(100 - M_t)}\right] \quad （3-7）$$

R——筛上物干基质量，g;

W——空气干燥试样质量，g;

M_t——试样的初始水分，%。

2. 额定粒度 10μm 以下的细泥百分数 S:

（1）不需加水稀释

$$S = \frac{100^4 m}{W(100 - M_t)} \quad （3-8）$$

式中 S——试样中 -10μm 级固体颗粒的干基质量百分数，%;

m——沉降试验结束后，被抽走的 10 mL 悬浮液带走的固体颗粒干基质量，g;

其余符号同上。

（2）需要加水稀释

$$S = \frac{100^7 m}{VW(100 - M_t)} \quad (3-9)$$

式中 V——由第一个量筒倒入第二个量筒的悬浮液体积，mL；

其余符号同上。

3.500μm 级固体颗粒的干基质量百分数，%；

m——沉降试验结束后，试验筛筛下物中的细泥（-10μm）百分数 N：

$$N = \frac{100S}{T}$$

式中 N——500μm 试验筛筛下物中细泥干基质量百分数，%；

其余符号同上。

（七）试验误差

重复性：相对误差不得超过 5%。

再现性：相对误差不得超过 10%。

（八）试验报告

泥化程度试验报告包括以下内容：

1. 试样标识 / 历史背景；

2. 试验条件：沉降温度，沉降时间，稀释体积，测细泥百分数采用的沉降方法，改良后的安氏沉降装置 / 其他。

3. 试验结果如表 3-2 所示；

表 3-2 泥化程度试验表

项目		第一次试验	重复试验	平均值
产率 /%	> 500μm			
	500 ~ 10μm			
	< 10μm			
泥化比 /%				
试样水分 Mm/%				

4. 矸石或页岩的初始水分；

5. 试样中是否含有不属于 5.6 ~ 2.8 mm 级非自然存在的其他物料，有则注明。

第四章 煤炭焦化技术与工艺

第一节 炼焦基本理论

一、焦炭的理化特性与质量评价

烟煤隔绝空气加热到 950 ~ 1 000℃，经过干燥、热解、熔融、黏结、固化、收缩等过程，最终得到气体产物煤气、液体产物焦油及固体产物焦炭。焦炭可供高炉冶炼、铸造、气化原料使用；煤气经回收净化后可得到各种芳香烃和杂环化合物，供合成纤维、染料、医药及涂料等；煤气可作为燃料气及原料气；从煤气中回收的煤焦油通过精制，可得到油品。因此高温炼焦是煤综合利用的重要方法之一。

（一）焦炭的特征与物理性质

焦炭主要成分为碳，质地坚硬，银灰色，是含有裂纹及缺陷的不规则多孔体。焦炭的视密度约为 0.80 ~ 1.08 g/cm³，气孔率为 35% ~ 55%，沿纵、横裂纹裂开，可得到焦炭多孔体，也称焦体。焦块微裂纹的多少和焦体的孔孢结构影响焦炭的粒度及高温反应性能，而孔孢结构通常用裂纹度、气孔率、气孔平均直径和比表面积等参数表示。

1. 焦炭裂纹

焦炭中的裂纹分为纵裂纹和横裂纹两种，规定裂纹面与焦炉炭化室炉壁垂直的裂纹称为纵裂纹；裂纹面与焦炉炭化室炉壁平行的裂纹称为横裂纹。裂纹有长短、深浅和宽窄的区分，可用裂纹度指标进行评价。测量方法是将方格（1 cm×1cm）框架平放在焦块上，量出纵裂纹的投影长度即得，一次试验用 25 块焦样，取其统计平均值。

2. 焦炭气孔率

气孔率是指焦炭中气孔体积占焦炭总体积的百分数，可利用焦炭的真密度和视密度加以计算。焦炭的气孔还可以用比孔容积来表示，即单位重量焦炭内部气孔的总容积。

$$气孔率 = \left(1 - \frac{视密度}{真度}\right) \times 100\% \quad （4-1）$$

3. 气孔平均直径与孔径分布

由于炼焦方法及入炉煤成焦特性差异，焦炭中气孔的大小不均，孔径大小对焦炭性质的影响也不同。一般将直径大于 100 μm 的气孔称为大孔（Macropore），直径为 20 ~ 100 μm 的气孔称为中孔（Intermediate Pore），直径小于 20 μm 的气孔称为微孔（Micropore）。

焦炭中的微孔，采用气相吸附法测定其孔径分布；而对于大孔，则采用压汞法测定，其原理是利用汞的表面张力较大的性质，利用施加外压力将汞压入微小气孔中，气孔的直径与所需施加外压力之间存在对应的关系，故可由施加的外压力大小计算对应的孔径尺寸。测定过程中，逐步增加汞的压力，可以使汞压入更加微小的气孔，通过测定汞的体积变化可得出孔径分布曲线，进一步计算气孔平均直径。除了采用气孔率和孔径分布，还可以用比表面积指标来表征焦炭的多孔性。

$$r = (-2\delta\cos\theta)/P \quad （4-2）$$

式中 r ——外加压力 P 时，汞能压入气孔的最小直径，mm；

P ——外加压力，Pa；

δ ——汞的表面张力，J/m^2；

θ ——汞与焦炭的接触角，（°）。

焦炭的孔结构主要决定于煤在炼焦过程的塑性阶段。气孔的生成机理可划分为 4 个阶段：①煤颗粒内生成小气孔；②煤颗粒间的空隙完全被填满时，颗粒内的气孔增大，接着是气孔膨胀和固体熔融；③固体熔融后，气孔增大到最大尺寸；④气孔收缩，导致在固化温度范围内形成结构紧密的气孔结构。

4. 焦炭的比表面积

焦炭的比表面积（m^2/g），从另外一个侧面反映了焦炭内部微孔的多少，通过专用比表面测定仪进行分析测试，比表面积越大，表明其内部孔隙率越高，其反应活性也越高。

5. 焦炭的筛分组成与平均粒度

焦炭是外形和尺寸不规则的多孔物料，利用筛分试验获得筛分组成及计算平均粒度。我国现行冶金焦质量标准规定粒度小于 25 mm 焦炭占总量的百分数为焦末含量，块度大于 40 mm 称为大块焦，25 ~ 40 mm 为中块焦，大于 25 mm 为大中块焦。

高炉生产对焦炭的块度要求较严，大型高炉用焦炭需要分级或整粒处理，以适应高炉用焦的粒度要求（25 ~ 80 mm），炼焦生产中应尽可能增加该粒度范围内焦炭的产率。入炉煤的煤质特征对焦炭块度影响较大，一般气煤炼制的焦炭块度小，而焦煤和瘦煤炼制的焦炭块度大，通过不同煤种的合理配合，制备合适粒度的焦炭。

6. 焦炭的强度

强度是冶金焦和铸造焦物理机械性能的重要指标，包括耐磨强度和抗碎强度。目前主要采用各种转鼓试验，在常温下测定焦炭的强度，通常称为焦炭的冷强度。同时也可利用坠落试验而测量焦炭的落下强度。

（1）转鼓试验方法

转鼓试验是将一定量块度大于某一规定值的焦炭试样，放入一个特定结构尺寸的转鼓内，转鼓以恒定的转速转动一定转数，焦炭在鼓内受到提料板的提升和带动作用，产生翻滚和上下跌落运动，从而导致抗碎能力差的焦块碎裂。而耐磨能力差的焦炭，表面焦炭层将产生脱落而生成碎颗粒。通过计算转鼓试验后大于某一块度的焦炭占入鼓焦炭的百分比作为焦炭抗碎强度的指标（M_{40}，M_{25}），而用转鼓试验后小于某一较小粒度的焦炭量占入转鼓焦炭量的百分比作为焦炭的耐磨强度指标（M_{10}）。

我国采用米贡（Micum）转鼓试验方法测定焦炭的强度，转鼓为钢板制成的无穿心轴的密封圆筒。鼓直径 1 m，长度 1 m，鼓壁厚 5 ~ 8 mm，转鼓由电机带动，经减速后以 25 r/min 的转速转动，每次试验共转 100 转。

转鼓试验用焦炭试样总量不少于 300 kg，用直径 60 mm 的圆孔筛人工筛分出 60 mm 以上的部分，从中称取 50 kg 作为入鼓焦炭。转鼓试验后，将出鼓焦炭分别用 40 mm 和 10 mm 的圆孔筛筛分，对筛分得到的大于 40 mm、40 ~ 10mm、小于 10mm 三部分分别称重，并计算强度指标。一般要求 M_{40} 为 70% ~ 80%；M_{10} 为 7% ~ 11%。

7. 真密度、表观密度与堆密度

真密度是单位容积焦炭的质量，表观密度即视密度是单位体积的干质量，对多孔焦炭而言，表观密度 = 焦炭的质量 +（实体部分的容积 + 闭孔容积），由这两个指标可以计算焦炭的气孔率。冶金焦炭的真密度在 1.70 ~ 2.0 g/cm³ 之间，随炼焦温度的增加或焦炭残余挥发分的减少，焦炭的真密度相应增加。而堆密度是焦炭在自然状态下堆积时的密度。

8. 焦炭的多孔性与煤质关系

一般情况下，煤化程度影响焦炭的气孔率及孔径分布，煤化程度增加，挥发分减少，焦炭气孔率下降，而低变质煤焦炭气孔率增加。在工业应用上，冶金焦和铸造焦作为炭源的同时，兼具支承作用，故要求气孔率尽可能低，以降低焦炭的反应性。而气化用焦炭，由于需要高活性，以强化气化反应过程，则需要较高气孔率，因此可根据焦炭的用途，调制入炉煤的挥发分，以便得到相应的气孔率。

（二）焦炭的化学组成及高温反应性

1. 焦炭的工业分析

焦炭的工业分析包括水分、灰分、挥发分和固定碳，其测定方法与煤的工业分析基本相同。

（1）水分 M_t

炉内焦炭不含水分，湿法熄焦后焦炭水分可达 6% 以上，若采用干法熄焦，焦炭水分含量较低，因吸附大气中的水汽其含水约 1% ~ 1.5%。冶金焦炭，水分含量的波动会影响高炉的操作。我国现行标准将水分作为生产控制指标，不作为焦炭的质量考核指标。

（2）灰分 A_d

焦炭中的灰分来自煤中的矿物质，炼焦生产过程中，煤中的灰分全部进入焦炭。焦炭中的灰分对高炉生产带来不利影响。矿物质是煤中的惰性物质，在结焦过程中不黏结，焦炭内高灰分含量还使焦炭的强度降低。

高炉炼铁生产中，焦炭中的灰分和矿石中的杂质与熔剂转化成炉渣排出，焦炭灰分增高，会影响高炉生产能力，同时炼铁单位能耗相应增大。一般焦炭灰分每升高 1%，高炉熔剂消耗量约增加 4%，炉渣量约增加 3%，每吨生铁消耗焦炭量（焦比）增加 1.7% ~ 2.0%，生铁产量降低约 2.2% ~ 3.0%。因此调节入炉煤灰分以控制焦炭的灰分具有重要意义。

（3）挥发分 V_{daf} 面和固定碳 FC_d

焦炭残余挥发分的高低，可以判断焦炭的成熟度，熟焦挥发分为 0.9% ~ 1.2% 左右。当焦炭的挥发分大于 1.9% 时，则表明炼焦不成熟，即生焦。生焦耐磨性差，影响其强度。而当挥发分低于 0.7%，则表示焦炭过火，过火焦裂纹多而影响块度。焦炉生产从推焦到熄焦过程中，焦炭中残余挥发分还可能造成大气污染，焦炉生产中要控制好挥发分的高低。

固定碳含量可利用水分、灰分和挥发分的测定值进行计算得出：

$$固定碳 = 100\% - （水分 + 灰分 + 挥发分）\% \quad (4-3)$$

目前焦化企业冶金焦实际指标大致为：水分 M_{nd} 控制在 6% 以下；灰分 A_d 在 11% ~ 15% 之间，小企业的控制值偏高；挥发分 V_{def} 控制在 0.9% ~ 1.6% 之间，多数企业控制在 3% 以下。

（4）焦炭的硫分 S_t

焦炭中硫转入生铁中，使生铁呈热脆性，加速铁的腐蚀，降低生铁质量。煤中硫具有不同的赋存状态，炼焦生产过程中，硫的赋存状态发生变化，所生成的气态硫化合物与高温焦炭反应，导致焦炭中硫的存在形式多样，工业生产中一般只测定焦炭的全硫 S_t。

焦炭中的硫分与煤的硫分有如下关系：

$$S_{焦} = \frac{\Delta S}{K} S_{煤} \quad (4-4)$$

式中 $S_{焦}$，$S_{煤}$——分别为焦炭硫分和煤的硫分，%；

K——炼焦煤的成焦率，%；

$ÄS$——煤料中硫分转入焦炭中的百分数，%。$ÄS$ 数值受煤料硫分和炼焦温度的影响，一般在 70% 左右，在炼焦温度范围内，可以用下式估算：

$$\Delta S = 137 - 0.054t \quad （4-5）$$

式中 t——炼焦的最终温度，℃。

2. 焦炭的元素组成分析

焦炭的元素分析包括 C、H、O、N、S、P 等主要化学元素，其测定方法与煤的元素分析方法基本相同，焦炭的元素组成是进行燃烧计算和评定焦炭中有害元素的依据。

碳和氢是焦炭中的有效元素，氢元素主要来源于焦炭中残余挥发分，氢含量的高低也可以表征焦炭的成熟度。焦炭中碳的微晶结构对焦炭的性质有较大的影响，因此单纯用碳含量的值不能全面评定焦炭的质量。

焦炭的硫分，通过控制入炉煤的硫分进行控制，以满足焦炭对含硫量的要求。

磷也是焦炭中的有害元素，高炉炉料中的磷全部转入生铁。一般要求生铁含磷低于 0.01% ~ 0.015%。煤中的磷几乎全部残留在焦炭中，通常焦炭含磷约 0.02%。

对焦炭氧和氮两种元素研究不多，一般认为焦炭中的氮元素是焦炭燃烧生成 NO_x 的来源。

3. 焦炭的高温反应性

焦炭的高温反应性是指焦炭在高温下与 CO_2 的反应活性，不同的使用环境中其高温反应性要求不同。如对于冶金焦或铸造焦来说，要求反应性低，而对于气化焦则希望反应性高。

（1）焦炭化学反应性与测定方法

焦炭与 CO_2 或水蒸气的反应速率称为焦炭的化学反应性。利用反应后气体中 CO 和 CO_2 的百分浓度来表示，可用反应一定时间后所消耗的焦炭量占参加反应焦炭量的百分率来表示。

目前一些国家采用块焦反应率表征反应性，即将一定量的焦炭试样在规定的条件下与纯 CO_2 气体反应一定时间，然后充氮气冷却、称重，反应前后焦炭试样重量差与焦炭试样重量之比的百分率即得到块焦反应率 CRL。

$$CRI = \frac{G_0 - G_1}{G_0} \times 100\% \quad （4-6）$$

式中 G_0——参加反应的焦炭试样重量，kg；

G_1——反应后残存焦炭重量，kg。

或用化学反应后，载气中 CO 浓度和（$CO+CO_2$）浓度之比的百分率表示块焦反应率，即

$$CRI = \frac{[CO]}{[CO]+[CO_2]} \times 100\% \quad （4-7）$$

式中 $[CO]$ $[CO_2]$——反应后气体中 CO、CO_2 气体浓度，%。

实际应用中，上述两种方法测试结果不同，我国现行国家标准 GB/T 4000—2008《焦炭反应性及反应后强度试验方法》，采用块焦反应率指标，测试焦样粒度为 ϕ 20mm ± 1 mm，一次装入反应器的试样为（200 ± 0.5）g，反应温度为 1 100℃，试样与二氧化碳气体（5 L/min）的反应时间为 2 h。

（2）焦炭反应后强度

由于焦炭的高温转鼓试验受试验条件的制约，很难反映出焦炭受化学反应的影响。因此，测定焦炭与 CO_2 反应后的转鼓强度，则成为评价焦炭反应性能和高温强度的一项简便的试验方法。具体方法是将经 CO_2 反应后的焦炭先用氮气冷却，然后将反应后焦炭全部装入 I 型转鼓内，以 20 r/min 转速转 600 转后取出焦炭，用 10 mm 圆孔筛过筛，并称量筛上焦炭重量 G_2，试验后粒度大于 10 mm 的焦炭重量 G_2 占装入 I 型转鼓内反应后焦炭重量 G 的百分率即为焦炭的反应后强度 CSR。

$$CSR = \frac{G_2}{G_1} \times 100\% \quad （4-8）$$

焦炭的反应性对焦炭在高炉或化铁炉内的作用有重要的影响，是评价焦炭质量的重要指标之一。焦炭的反应性受焦炭自身粒度大小、气孔率和比表面积、焦炭内焦质部分的性质以及反应的温度、CO_2 气体分压和 CO_2 气体的浓度等因素影响。而焦质的性质以及气孔率的大小都与炼焦用煤的性质有关，因此，焦炭的反应性与入炉煤煤质及岩相组成密切相关，通过配煤可调

控入炉煤的煤质及岩相组成。

（三）焦炭的显微结构

焦炭的显微结构指焦炭体内的气孔结构和焦质的显微结构。目前，焦炭的反应性和反应后强度是反映焦炭在高炉内质量的一项重要指标，而焦炭的反应性和反应后强度与其显微结构有着密切联系，通过研究焦炭的显微组分，从而寻找焦炭的反应性与煤种和炼焦条件之间的关系。

1. 焦炭的光学显微组分

（1）焦炭的光学显微组分研究方法

将焦炭试样粉碎至小于 600 ptm，然后用黏结剂（环氧树脂等）将其制成直径约 15 mm、厚度约 5 mm 的团块，经磨平、抛光后制成光片，用油浸物镜的反光偏光显微镜观察。

焦炭光学显微组分按其反应性能和光学性能不同加以划分，包括各向同性组分、惰性组分和各向异性组分三大类。各向异性组分又分为镶嵌型（粒状）和流动型（片状）两类，根据镶嵌颗粒大小和流动型的形态，还可以进行细划分。

各向同性组分在不同方向上具有相同的光学性质，显微镜下的颜色在插入检板后各个方向都呈蓝灰色。对于各向异性组分，插入检板后，转动显微镜的载物台，可以观察到各向异性组分的颜色发生交替变化。

（2）各种光学显微组分的反应性能

测定不同显微组分反应性时，为保证可比性，应保持焦炭的气孔结构一致。为此可取一种含有各种显微组分的焦炭，先行测定各显微组分的含量，然后将焦炭在一定条件下与 CO_2 反应到某一程度，再测定其反应后焦炭中各显微组分的百分含量，然后计算焦炭反应到这一程度后各种显微组分的反应率或反应后残存率。

（3）影响焦炭显微组分含量因素

焦炭中显微组分的含量组成主要取决于炼焦用煤的性质。一般煤中的惰性组分在炼焦过程中不发生变化（不黏结），在焦炭中仍以惰性组分存在。煤中的活性组分因煤化程度不同而转化成焦炭中各种不同的显微组分，根据煤岩学的理论，认为煤中的活性组分主要指煤中的镜质组分，但煤中镜质组分复杂，造成反射率大小的变化，使得焦炭的显微组分发生相应变化。通常采用镜质组的平均最大反射率（$\bar{R}_{\max}^{0}$）表示煤的变质程度。

2. 焦炭内焦体的孔砲结构

焦体内的气孔结构对焦炭的化学反应性有明显的影响，焦炭的气孔率低，气孔直径小，反应活性降低，反应后强度提高。

（1）炼焦煤料的煤化程度

试验研究结果表明，当炼焦煤的镜煤炭含量为 90% 左右时，焦体的气孔率和比表面积达到最低值，而且 CO_2 分子能够扩散进入的中气孔（$\geqslant 20\mu m$，$<100/m$）和大气孔（$>100\mu m$）的百分率也较低。这种中等挥发分煤所炼制的焦炭，不仅气孔率低，而且与 CO，反应后气孔率的增值也较小。

（2）炼焦煤料的惰性组分含量

常规炼焦煤料的煤化程度应控制在一定的适宜范围内，此时焦炭的显微结构主要与煤料的岩相组成有关。煤料中活性物含量高则焦质的各向异性组分含量也高，但是焦炭的气孔率还和煤料中惰性物的含量有关，适宜的惰性物含量可以获得气孔率低的焦炭，而且焦炭与 CO_2 的反应速率也低，活性组分与惰性组分的比值有一最佳的范围。

（3）煤料的预处理工艺

煤料的堆密度及均匀性对焦炭的气孔结构有显著的影响，当煤料的堆密度增加时，生成焦炭的气孔率低。当煤料混合均匀，特别是惰性组分较多的煤料，经细粉碎后焦炭的气孔壁材质分布也均匀，反应后焦炭气孔壁的局部集中破坏点减少。

（4）备煤炼焦条件

备煤炼焦条件影响焦炭质量，同一煤料先预热到 200℃ 左右，然后装炉，由于煤料在炉内的堆密度增大，焦炭的气孔率相应减少，或者通过捣固方法提高堆密度，提高焦炭质量。

综上所述，焦炭的高温反应性能包括块焦反应率和反应后强度两个方面。焦炭的气化反应动力学研究指出，焦炭与 CO_2 反应的速率 V_c（mol/S）与活化能 E 成负指数关系，并与气孔率 8 和比表面积的平方根的乘积成正比。

一般高炉焦的碳溶反应活化能 E 值在 $184 \sim 217$ kj/mol 之间波动，气孔率值则在 $42\% \sim 48\%$ 之间变动。所以焦炭的块焦反应率主要取决于焦质的显微组分，气孔率等气孔结构因素则是次要影响。但对于相同的炼焦煤料，改变备煤炼焦工艺条件，例如增大装炉煤堆密度或预热处理等，均有利于提高焦炭的质量。

二、焦炭成焦机理及室式结焦过程

（一）焦炭的成焦机理

目前，有关焦炭成焦的机理主要有三类：第一类是基于烟煤大分子结构及其在热解过程中，通过胶质状塑性体的形成使固体颗粒黏结的塑性成焦机理；第二类是基于表面结合的成焦机理；第三类是基于中间相的成焦机理。

1. 塑性成焦机理

塑性成焦机理认为，煤被加热时首先脱去外水和结合水，当温度达到 $400℃$ 左右时，开始生成熔融状的胶质体，并不断地自身裂解产生油气，胶质体在煤粒表面上出现含有气泡的液相膜，同时液相膜开始软化和相互渗透，许多煤粒的液相膜汇合在一起，形成气、液、固三相一体的黏稠混合物，当温度升高到 $480 \sim 650℃$ 时，胶质体进一步分解，部分气体析出，而胶质体逐渐固化成塑性半焦，同时产生出一些小气泡，成为固定塑孔，当温度再升高到 $650 \sim 950℃$ 时，半焦继续收缩和释放油气，最后生成多孔焦炭。

2. 表面结合成焦机理

由于煤的岩相组成的差异，决定了煤粒有活性成分与非活性成分之分，并且由于煤粒之间的黏结在其接触表面上进行，以活性组分为主的煤粒，相互间的黏结呈流动结合型，固化后不再存在粒子的原形，而以非活性组分为主的煤粒的黏结结合呈接触结合型，固化后保持了粒子的轮廓，从而决定最后形成的焦炭质量。

3. 中间相成焦机理

煤在受热炭化时，煤结构边缘小分子基团脱离非价键的束缚逸出，与随后共价键裂解产生的其他小分子共同组成塑性流动相，煤裂解后大分子自由基发生缩合，形成稠环芳烃，在各向同性的液相体系中形成新相——圆球状的可塑性物质即中间相。煤在高温受热时，约 $400℃$ 开始形成热可塑相或液相（中间相），在进行分解、脱水、缩合反应的同时，挥发分逸出，黏度增加，在约550℃时则开始固化，在这个过程中产生细气孔和龟裂，随着温度的继续升高，最后形成多孔固体焦炭。中间相连续地在一个宽广升温带中形成，如果流动性足够高，中间相小球体互相接触时，以极快的速度互相结合，变成了一个较大的单体，使这个过程继续进行，各向异性得以发展，如果流动性不够高，则中间相在互相接触时就不能互相结合，而各保持其原状；中间相的流动及结合状态，最终影响焦炭的光学结构，聚合的中间相只有保持高流动度（低黏度）才能使各向异性充分发展生成各向异性炭。如中间相没有能力长大和融并则生成细粒或粗粒镶嵌。中间相的生成影响因素包括煤的化学活性，中间相生成阶段的温度和时间及杂原子氧硫氮等的影响。

（二）焦炭的室式炼焦

焦炉的炭化室是一个带锥度的窄长空间，煤在炭化室内高温干馏成焦，成焦过程的特点为炭化室炉墙双侧向供热，成层结焦，煤料受两侧炉墙传递的热量加热，结焦过程从炭化室的两侧炉墙向炭化室中心逐渐推移，各层炉料的供热性能随炉墙温度及煤料传热能力而变，炭化时间内伴随着膨胀与收缩过程。

1. 成层结焦与温度变化

室式炼焦为成层结焦，炭化室两侧炉墙同时供热，由于炉料导热系数低，故在整个成焦过程中，炭化室内与炉墙垂直方向上炉料的温度梯度较大。离炭化室墙面不同距离的各层炉料因所受到的温度不同而处于热解过程的不同阶段，整个炭化室内炉料的状态也随时间而变化，靠近炉墙附近的煤先结成焦炭，而后焦炭层逐渐向炭化室中心推移，形成所谓的"成层结焦"。由于各层炉料距炉墙的距离不同，传热条件也就各不相同，最靠近炉墙的煤料升温速度最快，约5℃/min以上，而位于炭化室中心部位的炉料升温速度最慢，约2℃/min以下，这种温度变化及受热时间的差别必然导致焦炭质量的差异。

2. 炭化室内膨胀压力

焦炉炭化室内产生膨胀压力的原因是成层结焦的结果，成层结焦过程中，两个大致平行于两侧炉墙面的塑性层从两侧向炭化室中心推移，炭化室底面温度和顶部温度也很高，在炭化室内煤料的上层和下层同样也形成塑性层，围绕中心煤料形成的塑性层如同一个"膜袋"，"膜袋"内的热解气体由于塑性层的不透气性使得"膜袋"产生膨胀趋势，塑性层又通过外侧半焦层和焦炭层将压力施加于炭化室的炉墙，形成对炉墙的膨胀压力。膨胀压力的大小在结焦过程中随时间变化，当两个塑性层面在炭化室中心处会合时，由于外侧焦炭和半焦层传热好、需热少，致使塑性层内的温度升高加快，气态产物迅速增加使得此时膨胀压力最大，将此最大值称为膨胀压力。

对于常规炼焦的室式焦炉，受炭化室炉墙结构强度的制约，通常采用配煤的方法调控煤质实现对膨胀压力的控制，以保护炉墙。由于炼焦炉相邻两个炭化室总是处于不同的结焦阶段，所以相邻两个炭化室炉料施加于炉墙的压力差是炉墙所受的侧向负荷，炼焦生产中，在制定推焦串序时，对膨胀压力要进行合理的考虑。

3. 炭化室内气体析出途径

炭化室内煤料高温热解产生胶质层，并由炭化室两侧炉墙向中心移动，成层推进，由于胶质层的透气性差，在两胶层之间形成的气体不可能横穿胶质层，只能上行进入炉顶空间，这部分气体称为里行气，里行气中的煤热解产物由煤的一次热解产生，含有大量水蒸气，在其进入炉顶空间前，没有经过高温区，故没有二次热解作用。而在两胶质层外侧，由于胶质体固化和半焦产物热解产生大量气态产物，这些气体沿着焦饼裂纹以及炉墙和焦饼间的空隙，进入炉顶空间，称为外行气，由于外行气经过高温区后进入炉顶空间，经历了二次热解作用，导致外行气和里行气在数量和组分上的差异，一般外行气和里行气析出途径里行气占10%，而外行气占90%，大量的煤化学产品来自外行气。

4. 炭化室内层温度变化与焦炭的质量关系

炭化室内，紧靠炉墙的煤料升温速度快，煤热解产生塑性体流动性好，塑性温度间隔宽，塑性体内煤热解产物之间相互作用改善，因而焦炭熔融良好，结构致密，质量优于内侧的焦炭。

焦炭的块度取决于焦炭的裂纹性质，并与炭化室内温度梯度有直接关系。裂纹的数量取决于半焦收缩阶段内第一次收缩峰区间内半焦的收缩系数和温度梯度。挥发分高的煤料收缩系数大，塑性温度间隔窄，因而固化时半焦层较薄，半焦气孔率大，半焦层的强度低，当相邻层炉料的温度梯度不同产生收缩差时，拉应力超过半焦层的许可应力，则半焦层开裂，这种裂纹垂直于墙面，故气煤焦炭多呈细条状。对于肥煤等强黏结性煤，由于塑性温度间隔宽，半焦层厚且强度高，本层层内拉应力的破坏作用居次要地位，如果相邻层之间因温度梯度差存在，产生的收缩导致层间发生开裂，这种开裂以平行于炭化室墙面的横裂纹居多。相比之下，强黏结煤的焦炭块度要大于气煤焦炭块度。

炭化室内，接近炉墙的煤层在形成塑性层之后，面向炉墙的焦面扭曲"鼓泡"，外形如同菜花，称为"焦花"。而在炭化室中心处，由于膨胀压力最终将两侧的焦饼推向两侧，从而沿炭化室中心面形成焦饼中心裂缝，在炭化室推焦前打开炉门时，可以清楚地看到焦饼中心裂缝。

从炭化室墙面到炭化室中心面处，温度梯度逐渐减小，因而靠墙面处的焦炭粒度相对小于中心处的焦炭粒度，这样就产生了相同的煤料在相同的炼焦条件下结焦，其焦炭质量由于上述原因，不同的块度具有不同的质量。

第二节 配煤与炼焦技术

一、单种煤的成焦特性

煤的结焦性系指烟煤在炼焦条件下，形成具有一定块度和强度焦炭的能力。不同品种炼焦煤的黏结性和结焦性不同，它们在配煤中的作用也不相同。我国配煤炼焦常用煤种包括气煤、1/3焦煤、肥煤、焦煤、瘦煤，其配煤作用及成焦特性均不同。

气煤变质程度较低，挥发分较高，黏结性弱，结焦性差。加热时产生的胶质体热稳定性差、黏度小、流动性强，在生成半焦时胶质体易分解并析出大量气体，固化的部分较少。气煤单独炼焦时焦饼收缩大，纵裂纹多，焦块细长易碎，气孔大而不均匀，反应性强。配入气煤，可以降低炼焦过程中的膨胀压力，增加焦饼的收缩度和化学产品收率，有利于焦炉和推焦过程，但配入气煤将使焦炭的块度变小，强度降低。

1/3焦煤为介于肥煤和气煤之间的烟煤。挥发分比较高但低于气煤，黏结性和结焦性比气煤强，加热时能产生较多的胶质体，热稳定性比气煤好，可单独成焦，焦饼的收缩比焦煤大，膨胀压力比焦煤小。$G > 75$ 的 1/3 焦煤，黏结性和结焦性较好，可单独炼出高强度的焦炭，是配合煤的主要组分；而 $G \leq 75$ 的 1/3 焦煤，黏结性和结焦性稍差，单独炼焦时不能得到高强度焦炭。配煤中配入 1/3 焦煤，减少气煤的配入量，可以提高焦炭块度和强度，增加焦饼收缩和减小膨胀压力。

肥煤变质程度中等、黏结性极强，加热时能产生大量胶质体，其热稳定性比较好，黏度不大。肥煤单独炼焦时所得焦炭横裂纹多，气孔率高，在焦饼根部有蜂窝状焦，焦炭易成碎块。肥煤结焦性不如焦煤，但焦炭熔融性好，因此可作为炼焦配煤中的基础煤使用。配入肥煤可使焦炭熔融性良好，提高焦炭的耐磨强度，为配入黏结性差的煤或瘦化剂创造条件。

焦煤变质程度较高、具有中等挥发分和较好的黏结性和结焦性，在炼焦煤中是结焦性最好的煤。焦煤在加热时形成热稳定性很好的胶质体，单独炼焦时所得焦炭块度大、裂纹少、机械强度高、耐磨性好，最适于炼制高质量焦炭。但焦煤的收缩度小，膨胀压力大，可能造成难推焦现象导致炉体损坏。炼焦配煤中配入焦煤，可以起到骨架及缓和收缩应力的作用，从而提高焦炭的强度，是优质的炼焦煤。

瘦煤变质程度较高、挥发分比较低，黏结性和结焦性都较差。加热时产生的胶质体少，且黏度大，能单独炼焦，所得焦炭块度大、致密度好、裂纹少，但熔融性差，耐磨性不好。炼焦配煤中配入瘦煤，可以起到骨架和缓和收缩应力，从而增大焦炭块度和提高焦炭致密度的作用，是配煤中的重要组分。

无烟煤和焦粉由于挥发分低，无黏结性，一般作为瘦化剂使用，部分代替瘦煤，但必须严格控制细度和加入量。

二、配煤原则与配煤煤质指标

由于单种煤成焦特性的差异、优质炼焦煤资源的短缺、对焦炭质量的高要求及生产成本的考虑，采用单种煤炼焦，很难生产合格焦炭，为此通常采用多种炼焦煤按适宜的比例配合，然后再装炉炼焦，故称为配煤炼焦。

（一）配煤原则

配煤的作用在于使各煤种之间在性质上取长补短，生产满足质量要求的优质焦炭，并副产炼焦化学产品，实现煤炭资源的合理利用。考虑优质炼焦煤资源有限和分布不均及炼焦工业长远发展，炼焦配煤应遵循如下原则：

①配煤质量应与煤料的预处理工艺及炼焦条件相适应，使焦炭的质量达到规定的指标，满足用户的质量要求，同时控制配煤成本，提高经济效益。

②充分利用本区域内煤炭资源组成，减少交叉贮运，缩短运距，同时注重优质资源的节

③在保证焦炭质量的前提下，尽量多配用高挥发分煤，以利于增产化学品和煤气。

④配煤炼焦过程中，既要注重保持足够的收缩度，保证正常推焦以维护炉体，又要注重焦炭的块度和耐磨性，煤源的数量可靠、质量稳定。

（二）炼焦配煤的质量指标

配煤的质量指标包括配煤的水分、细度、灰分、硫分、煤化程度和黏结性指标等，根据焦炭质量要求和炼焦条件共同确定配煤的质量指标。

1.配合煤的水分和细度

（1）装炉煤水分

装炉煤水分除了影响堆密度，还会影响焦炉的正常生产，如结焦时间、炼焦的耗热量和剩余氨水量等，如水分每增加1%，结焦时间大约延长20 min，炼焦耗热量和剩余氨水量也随水分含量增加而上升。此外，由于新装炉内的煤料与墙面直接接触，煤料中水分的蒸发使得墙面温度急剧下降，对焦炉炉墙砌体影响很大。因此，在炼焦生产中，控制好煤料的水分很重要。国内大多数焦化厂的装炉煤水分一般控制在10% ~ 11%。而提高装炉煤的堆密度，有利于提高焦炭的质量和焦炉的生产能力。

（2）煤料细度

炼焦配煤的细度是指煤料粉碎后小于3 mm的煤料重量占总重量的百分比。常规炼焦条件下要求细度在80%左右。捣固炼焦细度要求更高，一般大于90%。细度不够，配合煤混合不均匀，焦炭内部结构不均一，导致强度降低。细度过高，粉碎设备动力消耗增大，处理能力降低，同时还会导致

装炉煤的堆密度下降，影响焦炭质量。因此炼焦生产中对煤料细度必须加以控制。但由于煤料中活性组分与非活性组分硬度的差异，混合破碎易造成活性组分的过粉碎和非活性组分的粗碎现象，即便是细度相同，其成焦特性也存在差异，为此备煤工艺提出选择性粉碎工艺以解决这一矛盾。

2. 配合煤的灰分和硫分

成焦过程中，煤料中的矿物质以灰分形式全部转入焦炭，而煤料中的硫分一部分残留在焦炭中，另一部分转化为气态硫化物进入煤气，极少量进入液体产物。配煤灰分与焦炭灰分关系如下：

$$A_{煤} = KA_{焦} \quad （4-9）$$

$$S_{煤} = KS_{焦} / \Delta S \quad （4-10）$$

式中 $A_{煤}$、$A_{焦}$——分别为煤中和焦炭中的灰分（干燥基），%；

K——成焦率，%；

ΔS——煤料硫分转入焦炭中的百分数，%。

一般 ΔS 为70%左右，其值大小受煤源和炼焦温度的影响，在确定的生产条件下，可取其统计值代入公式。

利用式（4-9）和式（4-10），可以根据焦炭灰分、硫分的要求，计算出配合煤的灰分和硫分。我国规定，一级冶金焦的灰分不大于12%，按成焦率75%计算，配合煤料的灰分应不大于9%（干燥基）。一级冶金焦的硫分不大于0.60%，若按 $\Delta S = 70\%$ 计算，配合煤料的硫分应该控制在0.7%以下。配合煤料的灰分和硫分可以直接测定，也可以按煤种配合比例加权平均进行计算。

3. 配合煤的煤化度指标

煤化度指标是用来控制焦炭强度和块度的重要配煤参数，可用镜质组分平均最大反射率 $\bar{R}_{max}^0$ 和挥发分 V_{dat} 表示。挥发分指标的测定方法简便，应用普遍，而镜质组分平均最大反射率则能更准确地反映煤的性质，在一定的煤化度区域范围内两者之间具有较好的相关性，据我国鞍山热能所对中国148种煤进行回归分析，得如下回归方程：

$$\bar{R}_{max}^0 = 2.35 - 0.41V_{daf} \text{(相关系数} = -0.947) \quad （4-11）$$

配合煤的挥发分指标可以直接测定或按加和性进行计算，二者之间稍有差异。配合煤的平均最大反射率同样可以直接测定或加和计算，但配煤的煤化度指标所反映的煤的性质与相同煤化度指标的单种煤的性质不同。例如将气煤与瘦煤按适当比例配合后，其煤化度指标数值可能与焦煤或肥煤的煤化度指标相同，但是配煤成焦特性却与单种的焦煤或肥煤完全不同，从反射率分布曲线上可明显地看出，配煤的反射率分布曲线为多峰值分布，为此，焦化厂在运输和储存洗精煤时，应尽力防止混煤，以免造成挥发分和煤化度指标的失灵。

对于常规配煤炼焦，合适的煤化度指标要求是：$\bar{R}_{max}^0 = 1.2\% \sim 1.3\%$，相当于 $V_{dat} = 26\% \sim 28\%$，煤化度过低，焦炭的平均粒度小，抗碎强度低，焦炭的气孔率高，各向异性程度低，焦炭质量不好。煤化度过高时，虽然焦炭的各向异性程度可以提高，但是，由于煤料的黏结性变差，成焦过程熔融不好，收缩度降低，导致焦炭的耐磨强度降低，甚至出现推焦困难。

针对我国炼焦煤资源特点，煤科院北京煤化所提出煤化度的合适范围为电 $=28\% \sim 32\%$。

4. 配合煤的黏结性指标

煤具有黏结性是煤结焦的前提条件，黏结性过大或过小都不利于焦炭质量的提高和生产成本的降低，国内外评价煤黏结性指标较多，包括黏结指数 G、最大胶质层厚度 Y、最大流动度 MF 以及总膨胀度 6 等，从不同的角度表征了煤在热解过程中生成的塑性体的特性。根据生产经验，最大胶质层厚度 Y 作为黏结性指标，控制范围是 17 ~ 22 mm。黏结指数 G 指标的控制范围是 58 ~ 72。目前，我国主要采用黏结性指标与最大胶质层厚度综合考虑的方法。

5. 配合煤的膨胀压力与收缩度

煤热解时配合煤中各组分之间存在相互作用，产生膨胀压力，膨胀压力不能加权计算，只能用试验方法加以测定。将试验焦炉炭化室一侧炉墙设置为可移动式，通过活动炉墙上的测压装置，测定膨胀压力大小，要求焦炉炭化室炉墙两侧的膨胀压力差值必须小于炉墙的最大承受负荷。炼焦生产中，煤料的膨胀压力呈现以下规律：第一是在常规炼焦配煤范围内，煤化度增加则膨胀压力增大；第二是对同一种煤料，增加堆密度，其膨胀压力相应增加。

实际生产中，应根据这两条规律，掌握膨胀压力变化的趋势，适时调整配煤方案与配煤比例，一般认为膨胀压力的极限值应不大于 10 ~ 15 kPa。配合煤膨胀后，在结焦后期产生收缩现象，从而有利于推焦，但如果配煤中瘦性成分增多，收缩度降低，则影响推焦，根据生产经验，认为收缩度的低限在 21 ~ 22 mm，为安全起见，收缩度控制在 25 mm 为宜，可以通过胶质层测定仪测量配煤的收缩度。

三、配煤方法与焦炭质量预测

配煤理论是将焦炭质量与煤质特征相关联并加以解释的理论。成功的配煤理论可以有效地指导配煤工作，通过建立数学模型预测焦炭质量。

由于煤结构的非均相性和复杂性，提出一个普遍适应的配煤理论和焦炭质量预测模型比较困难，目前已知的各种配煤理论或预测方法都是在一定的区域内或煤源条件下得到，具有确定的应用范围。从配煤参数上来看，配煤方法主要有传统的单纯依靠煤化学参数的经验配煤和近代发展起来的煤岩学参数配煤。由于煤岩参数能更准确地反应炼焦煤的性质，煤岩配煤技术正在逐步取代传统的经验配煤技术。

随着煤质及焦炭指标检测的自动化及各种数学分析与处理方法的计算机化，焦炭质量预测技术得到普遍重视，并逐渐应用于炼焦配煤的管理中，然而已有的焦炭质量预测模型区域性很强，不同的焦化企业应根据自己的煤质及焦炭质量数据库，通过线性或多元分析的方法建立数学模型，才能有效地实现焦炭质量的预测。

四、配煤工艺

焦化厂配煤（备煤）对焦炭的质量影响较大，包括来煤接受、贮存、倒运、配合混匀、粉碎等生产环节，寒冷地区焦化厂，还应设有解冻和冻块破碎等工序。由于焦化厂昼夜用煤量很大，涉及的煤种多，煤场占地面积大，故要求贮煤场机械化和自动化作业程度高，以保证配煤质量。

（一）煤的接受和贮存

焦化厂必须设置贮煤场或贮煤塔，并贮存一定的煤量，以保证焦炉的连续生产，以防来煤短期中断导致焦炉被迫停产保温，同时也可预防装炉煤质量波动。煤料在堆放过程中由于沥水及风干作用，可稳定装炉煤的水分。

1. 受煤

焦化厂在接受来煤时，应注意以下几条原则。

（1）来煤按煤种类别分别接受，卸往指定位置。防止煤种在接受和卸煤过程中互混。对每批来煤按规程取样分析，质量不合格来煤作相应处理。

（2）为稳定入炉煤的质量，来煤尽可能送往贮煤场，或者直接进配煤槽。贮煤场设计容量通常按来煤的70%计算，直接进槽量为30%。

（3）各种煤的卸煤场地必须清洁，更换场地时应彻底清扫。

焦化厂卸煤设备常用的有翻车机、螺旋卸车机、链斗卸车机和抓斗类起重机。翻车机和螺旋卸车机具有效率高、生产能力大、运行可靠、操作人员少和劳动强度低等特点，适用于大型焦化厂采用。

2. 倒运

煤场的煤料为了堆放、混匀和取用作业，需要对煤料进行倒运操作。倒运机械包括抓斗类和堆取类。与堆取类起重机相比，抓斗类起重机生产能力小，难以自动化，现代大型焦化厂大多采用堆取类起重机，其中应用最广的是直线轨道式斗轮堆取料机。

3. 贮煤

为了管理好贮煤场，确保配煤的准确性和焦炭的质量，贮煤场和贮煤应遵循以下要求：

（1）煤场的容量足够大，一般大中焦化厂应提供10～15天的贮煤量。贮煤场的长度应能满足各种煤分别堆、取、贮的相关条件。煤场地坪应适当处理，防止煤、土混杂。煤场应有良好的排水条件，并设处理设施，防止污水直接外排，同时还应采取可行的措施防止煤尘飞扬，如贮煤场的棚化处理。

（2）确保不同煤种单独存放。同种煤料，在贮煤场存放过程中应尽量混匀。一般抓斗类起重机做倒运设备时常采用"平铺直取"的作业方法，对于堆取料机可以采取"行走定点堆料"和"水平回转取料"的作业方法以使煤料均匀。

（3）贮煤场的煤堆应保持一定的高度，煤堆过低，占地面积大，增加倒运距离，下雨时煤的水分增大。煤堆高度与使用的煤场机械有关，一般为9～15 m。

（4）煤的存放时间不宜过长。为了防止煤的氧化变质，对各种煤应规定允许的堆放时间，并按计划取用。煤质恶化对炼焦不利，变质煤不能炼焦。根据鞍钢和武钢的生产实践，低变质煤存放时间为一个月左右，而高变质煤存放时间为两个月左右。

4.解冻

我国北方很多焦化厂，冬季煤料在车厢内易冻结，给卸车工序造成困难，为此很多焦化厂建有配套的解冻库，将冻车解冻后再卸车。目前已建解冻库大致分为煤气红外线式解冻库、热风式解冻库和蒸汽暖管式解冻库三种。其中红外线解冻库具有传热快、热效率高等优点。

（二）煤的配合、粉碎和输送

焦化厂备煤的粉碎加工环节分为先配合后粉碎和先粉碎后配合以及选择性破碎等方式，配合和粉碎工艺有多种流程和设备。

1.先配后粉流程

将炼焦煤料各单种煤，先按配煤比例要求配合，然后再进行粉碎。该工艺流程简单、设备少、操作方便，粉碎过程兼作混匀操作，但其配煤准确性差、不能按煤质特征调节不同煤的细度要求。该工艺仅适应于煤料黏结性好、煤质较均匀的情况，当煤料差异大、煤质不均匀时不宜采用。

2.先粉后配流程

该流程可按单种煤的性质和粉碎细度要求分别控制不同的粉碎程度，有助于提高焦炭质量。为简化工艺，当炼焦煤中只有1～2种煤的硬度或岩相组成相差较大时，可采用部分煤预粉碎，然后再按煤的配比与其他煤配合，再集中粉碎。

3.选择粉碎流程

选择粉碎流程，根据炼焦煤料中煤种和岩相组成硬度的差异，按不同粉碎细度要求，通过粉碎和筛分的结合，达到既消除大颗粒又防止过细粉碎的目的。该粉碎流程包括单路循环粉碎和多路循环粉碎两种方式。对结焦性较好，而岩相组成不均一的煤料，可采用先筛出细粒的单路循环粉碎流程，通过将混煤筛分，将细颗粒筛出直接送入煤塔；大颗粒粉碎后再与原料煤混合再筛分，并循环粉碎过筛。通过循环粉碎，将煤中各种岩相组分粉碎至大致相同的粒度，改善结焦过程。当煤料中有结焦性差异较大的煤种时，可以采用多路循环选择粉碎流程。即将差异大的煤料分别单路循环粉碎后，再将各单路出来的合格细颗粒混合进入煤塔。

煤料粉碎设备有锤式、反击式和笼型粉碎机等。笼型粉碎机的粉碎细度高，粉碎后粒度均匀，对水分大的煤种适应性强，但其生产能力低、能耗高、设备笨重且检修工作量大，一般较少选用。锤式粉碎机生产能力大、效率高、细度易调节，但粉碎后煤粒中小于 0.5mm 的颗粒偏多，对提高装炉煤的堆密度不利。反击式粉碎机结构简单、能耗低、检修方便，但其锤头磨损快、灰尘多、操作环境差，必须采用机械除尘装置，使用较多。

筛分设备有风力分离器和立式圆筒筛等。风力分离器生产能力大、结构紧凑、效率高且投资省，具有很大的竞争力。立式圆筒筛是一种直立式偏心离心筛，其筛孔需用压缩空气进行吹扫，与风力分离器相比，其生产能力稍小。

配煤设备主要是配煤槽及其下部的定量给料机构，配煤槽的个数应尽可能比炼焦采用的煤种多 2 个～3 个。配煤槽的容量与生产规模有关，在大多数情况下应能保证焦炉一昼夜对该煤种的需要量。

五、炼焦生产工艺

（一）炼焦生产过程

由备煤车间送来的配煤装入煤塔，装煤车按作业计划从煤塔取煤，经计量后装入炭化室内。煤料在炭化室内经过一个结焦周期的高温干馏制成焦炭并产生荒煤气。

炭化室内的焦炭成熟后，用推焦车推出，经拦焦车导入熄焦车内，并由电机车牵引熄焦车到熄焦塔内进行喷水熄焦。熄焦后的焦炭卸至凉焦台上，冷却一定时间后送往筛焦工段，经筛分按级别贮存待运。

煤在炭化室干馏过程中产生的荒煤气汇集到炭化室顶部空间，经过上升管、桥管进入集气管。约 700℃ 的荒煤气在桥管内被氨水喷洒冷却至 90℃ 左右。荒煤气中的焦油等同时被冷凝下来。煤气和冷凝下来的焦油等同氨水一起经过吸煤气管送入煤气净化车间。

焦炉加热用的焦炉煤气,由外部管道架空引入。焦炉煤气经预热后送到焦炉地下室,通过下喷管把煤气送入燃烧室立火道底部与由废气交换开闭器进入的空气汇合燃烧。燃烧后的废气经过立火道顶部跨越孔进入下降气流的立火道,再经蓄热室,通过格子砖把废气的部分显热回收后,经过小烟道、废气交换开闭器、分烟道、总烟道、烟囱排入大气。

（二）工艺条件对结焦过程的影响

1. 加热速度

煤的热解动态过程受加热速度的影响,速度提高,热解产生的胶质体温度范围加宽,胶质体的流动性增加,改善了胶质体对煤颗粒的黏结性,同时单位时间内煤热解气体的数量增加,增加了膨胀压力,从而提高煤的黏结性;利用快速加热,提高弱黏气煤甚至长焰煤的黏结性正是基于这一原理。但快速加热也使收缩速度加快,相邻层间的连接强度加大,收缩应力加大,产生的裂纹增多,降低焦炭的块度,合理的加热速度应是黏结阶段加热快,收缩阶段加热慢。而现代室内焦炉结焦过程无法调节各阶段的加热速度,且湿煤、干煤、胶质体导热性差,加热速度慢,而半焦和焦炭传热快,加热速度反而快,这是现代焦炉炭化室的缺点。

2. 煤料细度

研究表明,同一种煤,煤料细度增加,焦炭的强度增加,当煤粉细度达到一极限后,继续加大细度强度反而降低。不同的煤种,焦炭强度极大值对应的细度取决于煤的黏结性,黏结性愈好的煤,粉碎细度越高,煤粉分散表面积增加。由于固体颗粒对液体的吸附作用使胶质体黏度增大,增加了气体析出的阻力,使黏结阶段的膨胀压力增大,从而提高煤的黏结性。故细粉碎有利于得到裂纹少、块度大、质量均一的焦炭。对配煤炼焦而言,要根据单种煤的特性确定细度。对增加弱黏性煤配比的配煤,其中强黏结性煤要采用粗粉碎以保持黏结性,而对弱黏结性煤要增大细度,以利其分散。对不同的配煤,通过实验寻找最适合的细度。

3. 堆密度

增加堆密度,使煤粒间隙减小,膨胀压力增大,填充间隙所需的液态物质减少。在胶质体数量和质量一定时，可以提高其黏结性，但随着堆密度的增大，相邻层间的连接作用加强，且伴随收缩应力的增加，使焦炭的裂纹增加。当配入较多黏结性差的气肥煤时，可以通过增加堆密度的方法提高焦炭的强度。

4.添加物

当配煤的黏结性不够时，可以加入沥青类黏结剂，增加结焦过程中的液相以改善黏结性。利用添加物的黏结作用及其与煤颗粒间的共炭化作用提高焦炭强度，要求黏结剂具有较好的热稳定性和共炭化能力。当配煤的黏结剂较强、收缩度较大时，可以加入无烟煤粉、焦粉等瘦化剂减少内应力，增加焦炭的块度。

六、焦炉及配套设备

炼焦工业发展已有一百多年，炼焦炉的发展大体可分为四个阶段，即成堆干馏与砖窑、倒焰炉、废热式焦炉和现代焦炉。现代焦炉几乎全部是水平室式炼焦炉。

（一）焦炉结构

焦炉结构的发展主要是为了更好地解决焦饼高向与长向加热的均匀性，节能降耗、降低成本，提高效益。现代焦炉炉体最上部是炉顶，炉顶之下为相间配置的燃烧室和炭化室，炉体下部有蓄热室及连接蓄热室和燃烧室的斜道区，每个蓄热室下部的小烟道通过交换开闭器与烟道连接。烟道设在焦炉基础内或基础两侧，烟道末端通向烟囱。因此焦炉由三室两区组成，即炭化室、燃烧室、蓄热室、斜道区、炉顶区和基础部分。整座焦炉推焦车一侧为机侧，接焦车一侧为焦侧。

1.炭化室和燃烧室

焦炉炭化室是一个带锥度的长方形空间，炭化室的宽度焦侧比机侧宽20 mm ~ 70 mm，此宽度差称为炭化室的锥度。炭化室的顶部有加煤孔和荒煤气出口，炭化室的两端装有可打开的炉门。炭化室内的装煤高度低于炭化室的总高，称为炭化室的有效高度。

焦炉的炭化室与燃烧室相间排列，燃烧室长度与炭化室相同，在宽度上具有与炭化室锥度大小相同方向相反的锥度。

现代焦炉的燃烧室由若干垂直立火道组成，立火道底部有供煤气或空气的入口（或废气出口）。为了便于观察、测温和调火，每个立火道都有一个引向炉顶的看火孔。立火道始终分成两大组，当一组立火道供煤气和空气燃烧时，另一组立火道则排出燃烧产生的废气，两组定期交换，间隔时间为 20～30 min，以维持加热均匀和满足蓄热室的蓄热要求。

燃烧室与炭化室之间的隔墙称炉墙，焦炉生产时，炉墙燃烧室侧的平均温度约 1 300 0，炭化室侧的墙面可达 1 100℃以上。在此高温下，墙体要同时承受侧向推力和上部重力，整体结构强度要高，导热性能要好，并要防止干馏煤气泄漏，为此现代焦炉的炉墙普遍采用带舌槽的异型硅砖砌筑，以增加强度和密封性能。

2. 蓄热室

蓄热室的作用是回收燃烧后高温烟气（1 300℃）的废热，预热燃烧所用空气或高炉煤气。蓄热室位于焦炉炉体炭化室和燃烧室的下部，其上经斜道与燃烧室相连，其下经交换开闭器分别与分烟道、贫煤气管道和大气相连。现代焦炉都采用横蓄热室，横蓄热室与炭化室和燃烧室平行，内部一般都设置中心隔墙，将每个蓄热室分成机侧和焦侧两部分。蓄热室由顶部空间、格子砖、篦子砖、小烟道以及主墙、单墙和封墙构成，对于下喷式焦炉，主墙内设有垂直砖煤气道，用于导入焦炉加热用的焦炉煤气。

蓄热室依靠格子砖交替吸热和放热，当蓄热室内通入下降高温废气时，格子砖被废气加热，下一个周期气流方向改变后，被加热的格子砖对通入的上升空气或高炉煤气加热，使其温度达 1 000℃以上，如此往复，一座焦炉必须是半数蓄热室处于下降气流，半数蓄热室处于上升气流，定期进行交换。下降气流的蓄热室压力小于上升气流的蓄热室压力，为防止串气，要求分隔异向气流蓄热室的隔墙必须严密。对于双联火道结构的焦炉，主墙是分隔异向气流的隔墙；对于两分式火道结构的焦炉，蓄热室中心隔墙则为隔墙，因此隔墙同样要求具有足够的强度和气密性。单墙的作用是将蓄热室分成两个窄的蓄热室，分别用于预热空气和煤气，因为煤气和空气属同向气流，单墙两侧压差小且不承重，因此对单墙的强度和密封要求比主墙的要求略低。对于单热式焦炉或两分火道结构的焦炉，蓄热室不设单墙。

蓄热室机侧和焦侧的两端是封墙，封墙的作用是密封和隔热，焦炉生产时，蓄热室内为负压，若封墙不严会导致空气漏入蓄热室。封墙用黏土砖砌筑，中间砌一层隔热砖，墙外抹以石棉和白云石混合的灰层，以减少散热和漏气。封墙上部有蓄热室测压孔。

蓄热室的底部是小烟道，内衬黏土砖，将空气或煤气均匀分配进入蓄热室，汇集并排出从蓄热室下降的废气。小烟道的顶部是箅子砖，支撑蓄热室内的格子砖，并通过箅子砖上的分配孔将气流沿蓄热室长向均匀分布。格子砖采用薄壁异型多孔黏土格子砖。

3. 斜道区

斜道区位于蓄热室和燃烧室之间，斜道是连接燃烧室立火道与蓄热室的通道，不同结构类型的焦炉斜道区结构差异很大。燃烧室的每个立火道下部都有两个斜道口和一个砖煤气道出口。下喷式焦炉砖煤气道从蓄热室主墙穿过斜道区垂直上升进入立火道，侧入式焦炉是在斜道区设有水平煤气道，煤气分别由机焦两侧引入并分配到各个火道。对于双联火道结构的焦炉，每个燃烧室需要与下方左右两侧的 4 个蓄热室相连接，故斜道区结构复杂，砖型最多。

斜道区的温度达 1 000 ~ 1 200℃，所以在设计和砌筑斜道区时，必须考虑硅砖的热膨胀性，在每层砖内都留有膨胀缝，缝的方向平行于抵抗墙（砌炉时缝内应充填可燃尽材料，以防砌砖时灰浆落入砖缝内），当焦炉开工烘炉时，靠膨胀缝吸收焦炉斜道区的纵向热膨胀。

由于斜道倾斜，为防止积灰造成堵塞，斜道的倾斜角应小于30°。斜道的断面收缩角一般应小于7°，以减少其阻力。同一火道内两个斜道出口的中心线交角应尽可能小，以利于气流平稳拉长火焰。对于靠改变斜道口调节砖位置或改变调节砖厚度来改变出口断面大小，调节贫煤气量和空气量的炉型，斜道的出口收缩，使气流上升时斜道口阻力占整个斜道阻力的75%，这样可增加调节的灵敏性。

炭化室盖顶砖以上部位为炉顶区，该区砌有装煤孔、上升管孔、看火孔、烘炉孔以及拉条沟等。为减少炉顶散热，炉顶不受压部位砌有隔热砖。炉顶区的实体部位设置平行于抵抗墙的膨胀缝，烘炉孔在焦炉烘炉结束，转为正常加热投产时用塞子砖堵死。为防止雨水对焦炉表面的侵蚀，炉顶表面用耐磨性好的缸砖砌筑。

4.焦炉基础和烟道

焦炉的基础位于炉体的底部，支撑整个炉体及炉体相关设备。焦炉基础的结构形式随炉型和加热煤气供入方式而异，包括下喷式和侧喷式两种。下喷式焦炉的基础有地下室，它由底板、顶板和支柱组成，整个焦炉砌在水泥混凝土顶板平台上，平台下预留下喷煤气管接口。而侧喷式焦炉基础是无地下室的整块基础。在焦炉砌体与基础顶板之间，一般砌有4~6层隔热红砖，以降低基础顶板的温度，同时在隔热层上沿机焦两侧向中心铺置一定宽度的滑动层，方便烘炉时，顶板上的焦炉砌体向两侧膨胀而产生滑动，保护炉体。

焦炉的两端设有抵抗墙，用于约束焦炉组的纵向膨胀，在烘炉过程中，当砖体膨胀时，由于抵抗墙的制约，膨胀缝发挥"吸收"作用。在抵抗墙的结构上，炉顶区和斜道区设有水平梁，增大抵抗墙的抵抗能力。在焦炉顶部设有纵拉条，加强抵抗墙的抗弯曲能力，约束抵抗墙顶部的位移。

烟道位于地下室的机焦两侧，在炉端与总烟道相通，再汇入烟囱根部。在分烟道和总烟道汇合处，设有吸力调节翻板。

焦炉的基础与相邻的构筑物之间留有沉降缝，以防不同部位地基承压力不同而导致沉降差，拉裂基础平台。

（二）焦炉炉型特征

现代焦炉的炉型特征体现在燃烧室火道结构、加热煤气供入方式、加热用煤气种类的适应性、蓄热室的布置方式和改善高向加热均匀性措施等。

1.燃烧室火道结构

焦炉燃烧室火道结构分为水平火道和立火道两大类，而现代焦炉中基本不用水平火道。立火道焦炉按火道分布差异可分为两分式、四分式、跨顶式、双联式、四联式等类型，国内早期建设的焦炉主要采用两分式和双联式火道结构，近年来，国内建设的大型焦炉均采用双联火道结构焦炉。

两分式立火道，在立火道上方砌有水平集合烟道，燃烧室的立火道分成机侧和焦侧两组，并由顶部水平集合烟道连接。在一个交换周期内，一侧立火道空气和煤气上升加热，另一侧立火道废气下降排出，交换后两侧气体流动方向变换。

四分式立火道，燃烧室用隔墙分成两半，这样每个燃烧室有两个水平烟道。在一个交换周期内，外边两组立火道进行加热，里边两组立火道走废气，交换后，里面的两组立火道加热，而外边的两组立火道走废气。

跨顶式立火道，相邻的两个燃烧室由跨过炭化室顶部的大烟道相连，跨顶烟道两侧由3～4个立火道为一组的上部短集合烟道连接。在一个交换期内，一个燃烧室的所有立火道进行加热，而相邻燃烧室的所有立火道排出废气。交换以后改变气流方向。对于整个焦炉来说，始终有一半燃烧室在加热，另半数燃烧室排废气。

双联式火道结构，燃烧室中每个单数火道与相邻的下一个双数火道联成一对，形成所谓的双联。在每对双联的立火道隔墙上部有一个跨越孔相通，在一个交换周期内，如果某个燃烧室的双数立火道加热，则单数立火道排废气，换向改变加热方向后，变成该燃烧室的单数立火道加热，而双数立火道排废气。

四联式火道，边火道一般两个为一组，中间火道每四个为一组，其布置特点为四个一组的立火道中，相邻的一对立火道加热，而另一对走废气。在相邻的两个燃烧室中，一个燃烧室中的一对立火道与另一燃烧室走废气的一对立火道相对应或相反，从而保证整个炭化室炉墙长向加热均匀。

2. 加热煤气种类及供入方式

焦炉加热用煤气分为富煤气（焦炉煤气）和贫煤气。贫煤气包括高炉煤气、发生炉煤气、甲醇驰放气等。焦炉煤气热值高，加热时不需经蓄热室预热，而贫煤气热值低，必须经蓄热室预热。

只能使用富煤气加热的焦炉称为单热式焦炉。既可用富煤气加热，又可用贫煤气加热的焦炉称为复热式焦炉。单独设置的大中型焦炉，可采用单热式焦炉，而与钢厂配套设置的焦炉一般选择复热式焦炉，通过向焦炉提供低热值煤气加热，替换出焦炉煤气。

焦炉加热煤气供入方式包括富煤气下喷式、富煤气侧入式、贫煤气侧入式、富煤气贫煤气及空气全下喷式。

煤气下喷式，富煤气由焦炉下部经蓄热室主墙内的垂直砖煤气道进入立火道，贫煤气和空气从焦炉下部基础顶板进入蓄热室分格，气体出口位于小烟道箅子砖上方。

煤气侧入式，富煤气从焦炉斜道区沿燃烧室全长设置的水平砖煤气道分配进入立火道，水平砖煤气道可以由一侧进气或双侧进气。在双侧进气的情况下，煤气道分成两段。对于双联火道结构的焦炉，每个燃烧室下部有两个水平砖煤气道，其中一个与双号立火道相连，另一个与单号相连。对于两分火道，燃烧室下方水平砖煤气道分成两半，分别与机侧和焦侧立火道相连。

贫煤气侧入式，煤气和空气是经过空气和废气交换开闭器进入蓄热室的小烟道，然后进入蓄热室，这种进气方式为国内多数焦炉所采用。

3. 蓄热室的布置方式

焦炉蓄热室的布置方式分为有纵向蓄热室和横向蓄热室两类，早期焦炉采用纵向蓄热室，而现代焦炉都采用横向蓄热室。

蓄热室的长向分格或分组，可对应于各种火道结构，蓄热室的分格或分组配合煤气和空气下喷或配合独立分配小烟道，可以实现对燃烧室立火道供热量的精确调节。与两分式立火道相对应，蓄热室长向分成两半，机侧与焦侧始终处于异向气流。与双联火道相对应，蓄热室长向也用中心隔墙分成两半，中心隔墙的作用是分隔同向气流，实现机侧和焦侧供热量的分别调节。考伯斯（Koppers）焦炉例外，其双联火道结构，蓄热室分成两半与两分式焦炉的蓄热室一样，这样在斜道区出现了交叉烟道。

双联火道的复热式焦炉，蓄热室的长向不分格。一个宽蓄热室分成两个窄蓄热室后，在用贫煤气加热焦炉时，每对上升气流的两个窄蓄热室中，一个用来预热贫煤气，另一个用来预热空气。用焦炉煤气加热时，这两个蓄热室都用来预热空气或排废气。

4. 提高焦炉高向加热均匀性的措施

为提高焦炉高向加热均匀性，可采用高低灯头、不同厚度炉墙、分段加热、废气循环等四种方法。现代大型焦炉可同时采用几种高向加热的方法。

（1）高低灯头（灯头为焦炉煤气燃烧喷嘴）。双联火道中，单数火道为低灯头，双数火道为高灯头，高低灯头同时燃烧，使炉墙加热有高有低，以改善高向加热的均匀性，高低灯头只适用于焦炉煤气加热，由于高灯头高出火道底部，来自斜道的空气，易将底部砖缝中的石墨烧尽而造成串漏。奥托式，JN60-82型、JN60-87型焦炉采用高低灯头。

（2）不同厚度炉墙，即沿炭化室的不同高度上，底部炉墙加厚，向上炉墙减薄，以实现高向加热的均匀性，但加厚的炉墙易加大传热阻力，延长结焦时间，此法现已不用。

（3）分段燃烧是将空气和贫煤气沿火道墙上的通道，分为上中下三点通入火道中，实现燃烧分段，以改善高向加热的均匀性，但炉墙结构复杂，系统阻力大，空气调节困难。新日铁M型焦炉采用分段燃烧的方法。焦炉煤气通过垂直砖煤气道进入立火道底部。

（4）废气循环是实现高向加热均匀最简单而有效的方法，现已广泛使用。由于废气混入可燃气中，使燃烧反应速率降低，火焰被拉长。双联火道焦炉可在火道隔墙底部设置循环孔，依靠空气及煤气上升时的喷射力及上升与下降气流因温差造成的热浮力，将部分下降气流废气通过循环孔抽入上升气流，燃烧室上下温差可降低至40℃，我国目前的大型焦炉均采用此法。而废气循环因火道形式不同可采用多种方式，包括双联式、蛇形式、双侧式、跨顶隔墙式、双跨越式及下喷式共六种。

5.焦炉结构的发展

为适应钢铁工业的发展及能源结构的变化，增强炼焦工业的竞争力，实现节能减排，降本增效，焦炉结构的发展方向包括增大炭化室的几何尺寸、发展下喷及下调式焦炉、研制大容积高效焦炉、研制节能环保型焦炉等。

（三）焦炉筑炉材料

目前焦炉使用的耐火材料主要有硅砖、黏土砖和高铝砖等。根据工艺要求和操作要求，焦炉不同的部位，由于其承担的任务、所处的温度、承受的结构负荷和遭受的机械损伤以及介质侵蚀的条件各有不同，因此对不同部位的耐火材料性能要求也不相同，如炉墙既要传热，又要承重，应有较高的密度和高温抗侵蚀性能；炉头内外温差大并承受保护板的压力，要求具有良好的抗温度急变性能及较高的耐压强度；蓄热室隔墙要使用强度高的硅砖；格子砖采用体积密度大、抗温度急变性能好的黏土砖；小烟道则要求采用低温下（300℃）有抵抗温度急变性能的黏土砖。

七、焦炉设备

（一）焦炉护炉设备

焦炉的护炉设备可保护焦炉砌体坚固、完整和严密，包括保护板、炉门框、炉柱、纵拉条、横拉条、大小弹簧和炉门等＝。

护炉设备的作用是利用横拉条两端可调节的弹簧势能，持续地向砌体施加大小足够、分布合理的保护性压力，使砌体在自身膨胀和收缩以及外力作用下仍能保持完整、严密，从而确保焦炉砌体结构的强度和稳定。

焦炉砌体的纵向伸长是靠两端的抵抗墙以及炉顶的纵拉条来制约，由于这种保护性压力的约束，使焦炉烘炉时，砌体内预留的膨胀缝收缩直至密合，吸收砌体的膨胀。

焦炉砌体的横向不设膨胀缝，烘炉期间，随着炉温升高，炉体逐渐膨胀，投产后两三年内，炉体继续伸长，以后趋稳定，年伸长量在 5 mm 以下。基础平台上设有滑动层，当砌体横向膨胀时，焦炉靠两侧的护炉设备施加保护压力，使得砌体在膨胀过程中保持完整、严密。横向保护作用是由炉柱、保护板以及上下横拉条提供，保护性压力的大小靠横拉条两端弹簧进行调节。

除了上述保护性压力作用外，护炉设备对加强焦炉砌体的整体结构强度，防止在出焦过程中焦炉移动机械对焦炉产生的冲击和可能造成的损坏起保护作用。

（二）保护板和炉门框

保护板用来保护炉头砌体不受损坏，并通过它将弹簧经炉柱传给砌体的压力分布在燃烧室炉肩砌体上，同时要保证炉头砌体、保护板、炉门框和炉门刀边之间密封，因此保护板应紧靠炉头，又不能有过大的弯曲。

焦炉使用的保护板分大、中、小三种类型，我国目前大型焦炉均采用大保护板，原使用小保护板的已陆续改用中保护板。焦炉生产过程中，炉门框弯曲是炉门冒烟冒火的主要原因，随炭化室高度的增加，问题更突出。

（三）炉门

炉门严密与否，对防止冒烟冒火，炉门框、炉柱变形和失效有密切联系。炭化室机焦两侧宽度不同，两侧炉门宽度也不相同，此外机侧炉门上部设有小炉门供平煤使用。

炉门的密封作用主要靠炉门刀边与炉门框的刚性接触，为此炉门框必须平整，门框若变形弯曲，则刀边与其难以密合。通过敲打刀边炉门并配合弹簧门栓提高刀边的密封性能。敲打刀边用扁钢制成，靠螺栓用长孔卡子固定在炉门上，调节时将固定卡子的螺帽放松，敲打固定卡子使刀边紧贴炉门框，使刀边在一定程度上适应门框的弯曲，再将卡子上的螺栓紧固即可。

国外部分焦炉采用弹簧刀边，刀边用角钢和弹簧钢板制成，靠螺栓固定在炉门筋上，靠弹簧顶丝将刀边压紧在炉门框上，弹簧顶丝的压力可用压紧螺栓调节。这种刀边靠弹簧钢板和弹簧顶丝的弹力压紧刀边，能够自动调节刀边，管理较为方便。

而气封炉门将净焦炉煤气连续供入炉门刀边与门框密封面的内侧，形成一个流动的气封带，阻止荒煤气接近刀边，减少焦油沉积并提高刀边密封效果，其不足在于增加了煤气回收和净化系统的负荷。

（四）焦炉煤气设备

焦炉的煤气设备包括加热煤气的供给设备、干馏煤气的导出设备。

1. 焦炉加热煤气导入系统

单热式焦炉配备焦炉煤气供给管系，复热式焦炉配备高炉煤气和焦炉煤气两套管系。

下喷式焦炉燃料煤气由地下室的一端经煤气预热器，并沿焦炉全长布置的焦炉煤气主管，再经各支管、旋塞进入各燃烧室下的煤气横管分配进入煤气下喷管，再经蓄热室主墙内的煤气道进入立火道燃烧。煤气预热器的作用是在环境温度低时，加热煤气，防止煤气中未脱净的萘和焦油等杂质在煤气管道中冷凝析出，堵塞管道和管件。加热煤气流量一般采用更换流量孔板进行调节。

侧入式焦炉和两分式焦炉，煤气由主管经分配管到机焦侧的支管中，再经分配支管送到炉内的横砖煤气道中。

为保证燃料煤气沿焦炉长向流量分配均匀，煤气管道中的流速一般规定总管不超过 15 m/s，主管不超过 12 m/s。焦炉煤气总管压力不低于 3 500 Pa，煤气主管压力为 700-1 500 Pa；高炉煤气总管压力不应低于 4 000 Pa。

为防止煤气压力急增，加热煤气总管上设自动放散水封。

2. 干馏煤气的导出设备

焦炉炭化室导出的煤气称为荒煤气，荒煤气导出设备包括：上升管、桥管、水封阀、集气管、焦油盒和吸气管以及附属管道（氨水管、蒸汽管、工业水管）等。其主要作用是：

①将荒煤气顺利引出，并控制炭化室内煤气的压力；

②将引出的荒煤气及时冷却，降低气体温度，减少气体的体积，并保证焦油和氨水良好的流动性；

③实现炭化室与集气管系统之间的开闭操作。

上升管是荒煤气引出通道，是用钢板焊接或铸铁制造，内衬黏土砖。生产中，上升管内壁因煤气中焦油成分凝结并热解成石墨沉积，因此上升管必须定期清理，以保证荒煤气畅通。为了回收荒煤气显热（700℃左右），同时改善炉顶的操作条件，利用上升管加水套的方法可以回收部分热量，并减少上升管内壁沉积物，上升管管盖采用水封盖。

桥管为铸铁弯管，设有氨水喷嘴和蒸汽管，桥管上部是上升管盖，桥管下部是水封阀翻板，当翻板处于水平位置时，喷洒氨水在碟形翻板上形成一定的水封高度，从而将上升管与集气管隔离。

由炭化室导出的荒煤气，其温度在700℃以上，在桥管内被70℃左右的循环氨水喷洒冷却，由于氨水蒸发吸热，使煤气温度冷却到80℃左右，与其同时，荒煤气中70%的焦油冷凝下来。循环氨水的压力为200～250 kPa。循环氨水的用量，对于单集气管约5 t/t 干煤，双集气管约6 t/t 干煤。冷却后的煤气进入集气管，集气管通过"H"型管、焦油盒与吸气管相连。集气管中的氨水、焦油、焦油渣等依靠集气管的坡度和液体的位差，经焦油盒沿吸气管流走。为了控制焦炉炭化室内煤气压力，在"Ⅱ"型管的两个垂直管上分别安装有手动和自动压力调节翻板，调节集气管的压力，进而控制炭化室系统的煤气压力（80～100 Pa）。

焦炉集气管分为单集气管和双集气管。单集气管布置在焦炉的机侧。双集气管沿焦炉的机侧和焦侧两侧布置，因降低了集气管内两端的压差，使炭化室压力更加均匀；焦炉装煤时便于荒煤气及时导出，减轻加煤过程的烟尘污染；由于荒煤气在炭化室的停留时间短，可减少炼焦热解产物的二次分解，提高化学产品的产率和质量。由于双集气管系统投资大，不利于焦炉顶气体扩散。我国多数焦炉采用的是单集气管系统。

3. 废气设备

废气设备是指焦炉小烟道出口处实现空气、废气和高炉煤气开闭的装置，俗称废气盘，即换向开闭器，它是导入煤气和空气，又排出废气并调节空气和废气吸力的一种装置。目前使用的废气盘大体上有两种形式：提杆式双驼盘型废气盘和杠杆式废气盘。

（1）提杆式双碇盘型废气盘

双碇废气盘由筒体和两叉部组成，筒体部位由上下碇盘隔成两个室，并分别与各自的叉部相连。叉部下有高炉煤气接口的是煤气叉，它与煤气蓄热室小烟道相通；没有高炉煤气接口的叉是空气叉，它与空气蓄热室小烟道相连。煤气叉接筒体的上室，空气叉接筒体下室，每个叉上部都有一个空气风门及盖板。通过双泥的调节、空气盖板的开启配合，实现双驼废气盘上升煤气、空气与下降废气的有序进入和排出。

（2）杠杆式废气盘

由于每个蓄热室单独配置一个废气盘，便于调节；用高炉煤气驼代替高炉煤气交换旋塞；通过杠杆、轴卡和扇形轮等传动废气鸵和煤气碇，省去了高炉煤气交换拉条。

该种废气盘其高炉煤气碇设在叉内，因而高炉煤气不会漏入地下室，但是如密封不严则增加煤气损失。该废气盘的优点之一就是可以分别调节煤气蓄热室和空气蓄热室的吸力，其气量调节方法与提杆式废气盘基本相同。大型焦炉一般采用该种结构废气盘。

4. 交换设备

（1）交换系统

交换系统的作用是驱动焦炉加热系统的煤气导入交换阀门和废气盘，实现开闭交换，它是由交换机、焦炉煤气拉条、高炉煤气拉条以及废气拉条组成，交换机是为交换系统中提供动力的设备，并由其定时装置确定交换时间间隔。

（2）交换过程

焦炉无论用哪种煤气加热，交换过程都要经历三个基本过程：关煤气 f 废气与空气交换 – 开煤气。

①第一步先关煤气，防止加热系统中有剩余煤气，以免发生爆炸事故；

②第二步待煤气关闭后，经短暂的时间间隔，再进行废气与空气的交换，这样可使残余煤气完全燃尽；

③第三步是待空气与废气交换后，也经过一个短暂的时间间隔，使燃烧室有足够的空气，再打开煤气，保证煤气进入火道后立即燃烧。

（3）交换机

交换机分为机械传动和液压传动两种类型。由于液压交换机的结构简单、运行平稳、行程准确、维修方便，已被广泛采用。

废气鸵与空气口禁止同时处于半开的状态，这会打乱燃烧系统的压力分布，严重影响焦炉的正常加热。为防突然停电导致出现这种情况，各种交换机都设有手动交换，液压交换机在停电时，可用手摇泵上油，用重物压电液换向阀，实现人工交换。

焦炉两次换向之间的时间间隔即换向周期，根据焦炉的加热制度、加热煤气种类、格子砖清洁程度等具体情况决定换向周期。一般大焦炉的蓄热室格子砖的换热能力按照高炉煤气加热 20 min 换向一次设计，焦炉煤气加热 30 min 换向一次，一般中小焦炉均是 30 min 换向一次。若焦化厂有多座焦炉，并同用一个加热煤气总管，为防止交换时煤气压力变化幅度太大，影响焦炉正常加热，故几座焦炉不能同时换向，一般相差 5 min。

5. 焦炉机械设备

炼焦生产中焦炉机械包括装煤车、推焦车、拦焦车和熄焦车，统称焦炉四大车；侧装焦炉用装煤推焦车代替装煤车和推焦车，增加了捣固车和消烟车，完成焦炉的装煤和出焦工作。为保证出焦和装煤工作顺利完成，四大车应实现联锁控制。

第三节 焦炉热工基础

一、焦炉加热用煤气

（一）焦炉加热煤气种类及加热特性

焦炉正常加热使用的燃料气主要有焦炉煤气和高炉煤气两种，此外，发生炉煤气、甲醇生产驰放气等也可加热焦炉。

煤气中通常有一定量的饱和水蒸气，湿煤气的组成及煤气中饱和水蒸气含量，可用饱和温度下水蒸气压进行换算。煤气的发热值及密度可以通过煤气组成进行加和计算。

（二）煤气的燃烧方式

煤气燃烧包括三个阶段，一是煤气与空气混合，达到极限浓度；二是混合气体加热达到燃烧温度；三是可燃物与氧气发生化学反应进行连续稳定的燃烧。根据煤气和空气的混合情况，煤气燃烧包括扩散燃烧和动力燃烧两种方式。

1. 扩散燃烧

煤气和空气分别送入燃烧室后，依靠分子的扩散作用，边混合边燃烧的过程称为扩散燃烧，由于燃烧室温度很高，可燃混合物从加热到着火再到燃烧过程极快，故煤气的燃烧速度取决于可燃分子与空气的相互扩散速度，而扩散速度又与分子的扩散系数、扩散界面及浓度梯度成正比。扩散系数与分子质量的平方根成反比，因为氏的扩散速度大于 CO，焦炉煤气中 H_2 含量大，扩散速度快，故焦炉煤气燃烧速度快，火焰短，而高炉煤气中 CO 含量大，其燃烧速度慢，火焰短。在焦炉结构中，利用废气循环拉长火焰，就是通过降低浓度梯度，从而降低扩散速度和燃烧速度，拉长火焰，提高高向加热的均匀性。在扩散燃烧中，由于局部供氧的不足，部分碳氢化合物易热解产生游离碳，由于固体碳微粒在燃烧带中出现，产生强烈的光和辐射热，形成光亮的火焰，也称为有焰燃烧，焦炉斜道口或烧嘴处的煤气或空气为层流，废气在立火道中也为层流，煤气燃烧为层流状态下的扩散燃烧，与气流速度无关，增加气流速度可将可燃分子引送至更远处而拉长火焰，减小烧嘴尺寸及增加废气循环均可拉长火焰。

2. 动力燃烧

将煤气和空气在进入燃烧室前预先混合均匀，然后再点火燃烧，其燃烧速度取决于化学反应速度，称为动力燃烧。动力燃烧反应速度快、燃烧完全、强度高，燃烧产物中无固体颗粒，因此燃烧室中光亮透明，好像没有火焰存在，也称无焰燃烧，可在很小的空气过剩系数下进行。无焰燃烧时，煤气和空气在冷态时预先混合。为保证燃烧正常稳定，要求可燃混合气体进入燃烧室前必须达到着火温度以上，气流速度要稍大于火焰传播速度，否则容易引起回火，甚至爆炸，为此无焰燃烧器要求有灼热的内壁足以使整个可燃混合气体能迅速同时达到着火温度。回火是无焰燃烧的唯一缺点。

（三）焦炉与高炉煤气的燃烧方式

焦炉煤气与高炉煤气的组成不同，故其加热特性也不相同。焦炉煤气中 H_2 占 50% 以上，故燃烧速度快、火焰短、煤气和废气的密度低。同时 CH4 占 25% 以上，还含有烃类故燃烧火焰明亮、辐射能力强，燃烧温度高。处于高温下的砖煤气道和烧嘴等处会产生沉积石墨，因而焦炉在换向过程中要进行空气除碳。使用焦炉煤气加热时，加热系统阻力小，炼焦耗热量低，增减煤气流量时对焦炉燃烧室温度变化比较灵敏。

当焦炉煤气净化不好时，容易堵塞管道和管件，煤气中氨、割化物和硫化物等对管道和设备的腐蚀严重。若焦炉压力制度不当，炭化室处于负压操作时，煤气中 N_2、CO_2、O_2 含量增加，发热量降低且波动。因此炼焦回收车间的操作对焦炉煤气质量影响很大。

高炉煤气中不可燃成分约占 70%，发热值低，燃烧产生的废气量也多。煤气中可燃成分主要是 CO，且不到 30%，故燃烧速度慢、火焰长、高向加热均匀，可适当降低燃烧室温度。高炉煤气不预热时理论燃烧温度较低，必须经蓄热室预热至 1 000℃ 以上，才能满足对燃烧室加热的温度要求。用高炉煤气加热时，废气和煤气密度高，废气量多，加热系统阻力大，约为焦炉煤气加热时的二倍以上。因废气带热量多，故炼焦耗热量高。

使用高炉煤气时，煤气经蓄热室预热，要求炉体严密，以防煤气在燃烧室以下部位燃烧。高炉煤气含 CO 多、毒性大，故要求管道和设备严密，废气盘、小烟道和蓄热室等部位在上升气流时处于负压下操作。为了降低加热系统的阻力,可向高炉煤气中掺入一定比例的焦炉煤气,以提高煤气热值,煤气掺入量不应超过5% ~ 10%(体积),以防焦炉煤气在蓄热室中热解,堵塞格子砖。

二、焦炉热工评定

评价焦炉热工操作的好坏,考核指标包括焦炉温度和压力制度的合理性、横排和直行温度均匀系数、焦饼高向和长向加热均匀性及焦炉加热的热量利用效率。生产中常用炼焦耗热量评定焦炉的热工效率,为了全面分析焦炉的热量利用状况,必须对焦炉进行物料与热量平衡计算和分析,并由此得出焦炉的热效率和热工效率。

(一)焦炉的物料平衡与热平衡

焦炉物料平衡是焦化厂设计的基础数据,可用于确定各种设备操作负荷和经济核算。而焦炉的热平衡是在燃烧计算和物料平衡的基础上进行的。

1.焦炉的物料平衡

焦炉的物料平衡以1 000 kg装炉煤为基础进行,实际衡算测定包括如下相关数据。

(1)物料入方

入方包括入炉煤量和配煤平均水分以及炭化室漏入空气量。精确称量装入每孔炭化室的煤量,取3 ~ 5昼夜平均值作为入炉煤量。配煤平均水分应在煤塔取样分析测定。正常生产时空气及燃烧系统废气不会串漏进入炭化室,但当净煤气中氮含量明显增加,而炭化室又出现负压操作时,可按煤料带入氮与净煤气中氮含量的差值计算确定漏入空气量。

(2)物料出方

①各级焦炭产量及水分,包括块焦、粉焦,同时考虑水分蒸发损失,计算干焦炭产量。

②化学产品产量,包括无水焦油、粗苯、氨等化产产量,通常按季度或年平均值确定。

③干煤气量,在洗苯塔后用流量孔板或其他方法测定,并进行温度、压力校正。

④水汽量，按剩余氨水量的月或季度平均值确定。

2. 焦炉的热量平衡

焦炉热量平衡计算基于物料平衡，在划定的衡算体系中进行，由此确定测试的各项参数，然后再进行热量衡算，具体计算方法可参考有关资料。表4-1给出热量平衡测算数据。

表4-1　焦炉热量平衡表

入方				出方			
序号	项目	MJ	%	序号	项目	MJ	%
1	加热煤气燃烧热	2684.34	91.50	1	焦炭显热	1106.71	37.73
2	加热煤气显热	53.72	1.83	2	焦油显热、潜热	66.34	2.26
3	空气带入热量	29.56	1.01	3	粗苯显热、潜热	16.20	0.55
4	湿煤显热	29.20	1.00	4	氨显热、潜热	3.64	0.12
5	漏入加热系统煤气燃烧热	136.78	4.66	5	净煤气显热、潜热	340.48	11.61
				6	水汽显热、潜热	544.62	18.57
				7	废气显热	576.86	19.66
				8	不完全燃烧热损失	56.27	1.92
				9	炉体表面总散热	252.05	8.59
				10	差值	-29.57	-1.01
	合计	2933.60	100		合计	2933.60	100

表4-1中数据表明，入方焦炉的热量约98%来自煤气的燃烧，包括煤气燃烧热、燃烧显热及泄漏煤气燃烧热，近似计算时可将供给煤气作为热量的唯一来源进行核算，以简化计算过程。而出方焦炭的显热达37.73%，水蒸气带走热量18.57%，废气带走热量19.66%，因此采用干熄焦技术、降低入炉煤的水分、热烟气蓄热均可以有效地提高热利用效率。

（二）焦炉热效率与热工效率

根据焦炉热平衡数据，可对焦炉进行热工评定。表4-1中热量出方1～6项为有效热$Q_有$，供给焦炉的总热量用$Q_总$表示，则焦炉热工效率$\eta_{热工}$：

$$\eta_{热工} = \frac{Q_有}{Q_总} \times 100\% = \frac{Q_总 - \left(Q_废 + Q_散\right)}{Q_总} \times 100\%$$

式中 $Q_{废}$——随废气带走的热量，含不完全燃烧热损失；

$Q_{散}$——焦炉表面散热损失。

由于散热 $Q_{散}$ 计算比较困难，也可以用热效率 $\eta_{热}$ 评定焦炉热量利用率。

$$\eta = \frac{Q_{总} - Q_{废}}{Q_{总}} \times 100\% \quad （4-12）$$

对于现代大型焦炉，$\eta_{热工} = 70\% \sim 75\%$；$\eta_{热} = 79\% \sim 85\%$。

（三）炼焦耗热量

利用焦炉的热平衡进行热工评定比较麻烦，而炼焦耗热量指标测定相对简单，得到广泛应用。炼焦耗热量可以评定炼焦消耗定额、焦炉结构完善度、调温技术效果、生产管理水平，可以计算焦炉加热用煤气量。炼焦耗热量是指 1 kg 煤在焦炉中炼成焦炭需供给焦炉的热量。可以采用不同的计算基准，主要有湿煤耗热量、干煤耗热量和相当耗热量 3 种方式。

（四）提高焦炉热效率的途径

根据焦炉耗热量的计算公式及热平衡的计算，可以采取如下措施，降低炼焦耗热量，提高焦炉的热工效率。

1. 调节好炉温，保证焦饼同时成熟，正点推焦，在此基础上，降低焦饼中心温度。

保证装煤量，降低炉顶空间温度及减少煤气在炉顶空间的停留时间，以保证焦饼同时成熟，同时要尽量降低焦饼上部温度。

2. 保证配煤水分稳定。水分的波动，不仅影响耗热量，影响焦炉加热制度的稳定及炉体寿命，同时也会影响装煤的堆密度，降低产量和焦炭质量，同时降低配煤水分，可以降低能耗，减轻后续处理工艺生产负担。

3. 选择合理的空气过剩系数。提高空气过剩系数可使能耗降低，但空气过剩系数过大，则增加废气耗热量。

4. 降低废气排出温度，可以提高热效率。废气温度与火道、蓄热室面积、气体沿格子砖分布、换向周期、焦炉结构有关，做好调火，保证火道加热均匀，可以降低火道温度的规定值，降低废气温度；增加蓄热室面积和做好其换热工作，均可降低废气温度。

5.提高炉体严密性和改善炉体的绝热。炉体不严，蓄热室会吸入空气而烧掉煤气；煤气经下降蓄热室、交换开闭器被吸入烟道以及炉体保温效果差均会增加炼焦耗热量。

三、焦炉的加热管理

焦炉加热的热工管理是一项比较复杂的工程，其具体任务是要求按规定的焦炉结焦时间、炭化室装煤量、装煤水分、加热煤气的性质和温度以及焦炉炉体和加热设备的状况等实际情况，测量并调节焦炉加热系统各控制点的温度、压力等，实现全炉所有炭化室在规定的结焦时间内均匀成焦，焦炉均衡生产并达到稳产、优质、低耗、长寿的目的。

焦炉加热管理温度制定包括标准温度、直行温度、冷却温度、横排温度、炉头温度、焦饼中心温度、蓄热室顶部温度、小烟道温度及炉顶空间温度。而压力制度包括集气管压力、煤气支管压力、看火孔压力、烟道吸力、标准蓄热室顶部吸力、风门开度等。

（一）温度制度

温度制度是加热制度中与温度有关的主要内容。标准温度是确定焦炉加热温度的参照标准，一般选择焦炉燃烧室机侧和焦侧中部各一个立火道为代表，该测温火道的平均温度的控制值即为标准温度，全炉调温应以标准温度为主要依据。

横排温度是指每个燃烧室立火道组成的一组温度，该温度反映了炭化室长向加热均匀性，因为炭化室有锥度，故横排温度应呈相应的梯度变化，焦侧温度较高。

直行温度是焦炉全体燃烧室测温火道组成温度，规定该温度在焦炉换向后 5 min（或 10 min）后开始测定下降火道温度，并对每个火道因测温时间差导致的差值进行冷却校正，将实测值校正到换向后 20 s 的最高温度值以便控制和比较。为防止焦炉炉体被烧熔，硅砖焦炉测温点换向后的最高温度不得超过 1 450℃。

（二）压力制度

焦化厂制定了用不同部位不同的压力指标来协调整个焦炉的正常安全运行，这些压力指标称为压力制度。全炉压力分布包括看火孔压力；上升气流时炭化室煤气、空气蓄热室顶部压力；下降气流时炭化室煤气、空气蓄热室顶部压力，也称五点压力分布。

压力制度的确定依据为保证整个结焦周期中，炭化室内煤气压力应始终略大于对应部位加热系统的压力，为此规定正对吸气管炭化室底部压力在结焦末期不小于 5 Pa。以该压力为依据确定焦炉集气管的压力控制值。加热系统的压力既要保障燃烧室与炭化室之间的压力关系，又要有利于燃烧室炉顶测温调火。具体按规定的过剩空气系数和看火孔压力保持 0 ~ 5 Pa 进行确定。由看火孔压力确定蓄热室顶部吸力作为加热系统的主要控制值。一般选择两个标准蓄热室（一组）对照控制，用其他蓄热室与标准蓄热室进行比较，上升气流时不超过 ±2 Pa，下降气流时不超过 ±3 Pa。

特别指出的是．焦炉用高炉煤气加热时，上升气流蓄热室底部废气盘处必须保持为负压，以防煤气泄漏发生事故。

第四节 炼焦新技术

工业高炉大型化及喷吹技术的应用对焦炭的高温反应性指标如反应性和反应后强度，提出了更高的要求。面对炼焦煤资源日趋不足的现状，为扩大炼焦煤源，提高焦炭的质量，研发和应用炼焦新技术已十分必要。目前，应用较多的炼焦新技术主要包括捣固炼焦、配型煤炼焦、干燥预热炼焦等。

一、捣固炼焦

（一）捣固炼焦的基本原理

捣固炼焦是我国应用最多的一种炼焦新方法，可以更多地利用弱黏结性煤或高挥发分煤炼焦，以期扩大炼焦煤资源，降低生产成本。

捣固炼焦过程通过对配煤在捣固机内捣实成为致密煤饼，增加入炉煤堆密度 1.00 ~ 1.15 t/m³，由于煤料堆密度提高，煤料颗粒间隙缩小，结焦过程中煤料的胶质体更容易在不同性质的煤粒表面均匀分布浸润；煤粒间的间隙越小，填充间隙所需的胶质体液相产物数量越少，同样的胶质体数量可以均匀分布在更多的煤粒表面，使煤粒间形成较强的界面结合；同时由于煤粒间隙缩小，结焦过程中产生的气相产物不易析出，胶质体的膨胀压力增大，增强了煤粒间的相互挤压，提高焦炭的致密度，从而改善焦炭质量。

（二）捣固炼焦的工艺及特点

1.捣固炼焦工艺

捣固炼焦工艺过程与顶装煤炼焦的主要区别在于配煤的预处理和装煤方式的差异。来自配煤塔的原料煤，通过专用捣固机，将散煤捣固成具有一定密度的长方形煤饼，其大小略小于炭化室的体积，然后再利用专用的捣固装煤车，将煤饼整体从机侧推入炭化室进行炼焦，其炼焦过程与后期的化产回收与顶装焦炉相同。其最大优势为可配入高比例的弱黏结性煤。降低生产成本。

2.捣固炼焦的特点

（1）扩大炼焦煤源

焦煤与肥煤是配煤炼焦的基础配煤，资源有限，价格高，在保证焦炭质量的前提下，采用捣固炼焦可以多配入高挥发分煤和弱黏结煤炼焦。一般情况下普通炼焦工艺只能配入气煤35%左右，而捣固炼焦可以配入55%左右；另外，捣固炼焦对煤料黏结性可选范围要求较宽，无论是低黏结性煤料，还是高黏结性煤料，通过合理的配煤，均可产出高质量焦炭；也可掺入焦粉和石油焦粉生产优质高炉用焦和铸造用焦，还可用100%高挥发分煤生产气化焦。

（2）增加焦炭产量

捣固炼焦的装炉煤堆密度是常规顶装炉煤料堆密度的1.4倍左右，但结焦时间延长仅为常规顶装工艺的1.1~1.2倍，因此，对于同样体积碳化室，可以装入更多的煤料，故焦炭产量增加。

（3）降低炼焦成本

炼焦煤料配入更多的弱黏结性煤，高黏结性煤成本一般较弱黏结性煤高，从而可以降低生产成本，此外，捣固炼焦煤料提高了堆密度，生产能力仍较顶装炼焦炉提高约15%，也相对降低了炼焦成本。

（4）提高焦炭质量

生产实践表明，使用同样的配煤比，捣固炼焦的焦炭质量比常规顶装煤炼焦有所改善和提高，可提高2%~4%，可改善3%~5%。但捣固炼焦技术也具有区域性，其主要适应于高挥发分煤和弱黏结煤贮量多的地区，实践证实，若用黏结性偏好的煤使用该技术，其焦炭质量改善和提高并不明显。

3. 捣固炼焦关键技术

捣固炼焦技术应用过程，需要注意如下关键技术。

（1）煤饼的稳定性

捣固煤饼的稳定性直接影响生产的正常进行，也是制约捣固焦炉向高大炭化室发展的重要因素，稳定性低，其在推煤过程中易发生倒塌，影响正常生产。煤饼的稳定性与煤料的粒度组成、煤料的水分、煤饼的高宽比及捣固机的捣固强度、捣固程序有关。

（2）煤料水分和细度

煤料细度一般要求 90% 以上，水分控制在 9% ~ 11%。水分低，煤饼不易捣实；水分过高，对捣固和炭化都不利。此外，煤饼的高宽比越大，对煤饼的稳定性要求越高 JN38-86 型捣固焦炉，煤饼高宽比约为 8 : 1，而德国萨尔捣固焦炉，炭化室高 6 m，煤饼高宽比是 15 : 1，而煤饼的倒塌率只有万分之一。

（3）机械作业率

机械作业率是指每台焦炉机械的昼夜操作的孔数，机械作业率高，可提高其生产能力。

捣固炼焦过程，将煤料捣成煤饼后再推入炭化室（加上推焦的全过程）一般需 25 ~ 30 min，每套机械作业率只有每天 70 ~ 90 孔，而顶装炼焦工艺一般操作时间仅为 10 min 左右，机械作业率为每天 130 ~ 150 孔，机械作业率在某种程度上制约了捣固炼焦的发展。目前在德国迪林根中心炼焦厂，每套机械作业率已达到 140 ~ 150 孔。

（4）操作环境

捣固炼焦由于煤饼在机侧炉门打开条件下推入炭化室，炭化室温度较高，造成装煤时冒烟冒火严重。通常采用消烟除尘的措施与装炉设备配套。可以在炉顶安装消烟除尘车，其方法类似顶装焦炉的烟尘控制方法。此外装煤时可采用高压氨水喷射桥管，造成炭化室负压减少冒烟冒火，同时在炉顶采用倒烟 U 形管，将装煤时产生的烟气导入相邻炭化室中。目前，比较先进的消烟除尘净化车结合地面除尘站的除尘方式，比较彻底地解决了焦炉装煤饼过程中烟尘和荒煤气外逸污染的问题，但这种方式投资成本较高。

近年来，国内由于焦化工业的快速发展，煤源条件成为制约焦化厂建设和影响焦炭成本的重要因素，因此捣固炼焦技术在国内得到大力发展，建设了一批捣固炼焦生产装置。

（三）捣固炼焦设备

1. 捣固焦炉

用捣固法装煤炼焦的侧装焦炉由德国 1882 年首创。目前，捣固焦炉按照炭化室高度区分已发展为 3.8 m、4.1 m、5 m、6.25 m 等几个系列。3.8 m 捣固焦炉与 4.3 m 顶装焦炉产量相近，6 m 捣固焦炉焦炭产量介于 7.0 ~ 7.5 m 顶装焦炉之间。炭化室高度相同时，如均为 6 m 时，捣固焦炉产量约是顶装焦炉的 1.4 倍。

顶装焦炉为了保证推焦顺利及减缓推焦过程对炭化室两侧的压力，炭化室的水平截面呈梯形，即焦侧宽度大于机侧。捣固炼焦的煤饼在机侧捣实后推送到炭化室内，既要减少煤饼与炭化室两侧间隙又要能顺利推焦，因此一般捣固焦炉炭化室仍设置一定的锥度，但其锥度（0 ~ 20 mm）要小于顶装焦炉。捣固焦炉中，随着炭化室锥度的增大，焦炭质量下降，究其原因是煤饼和焦炉之间的空隙增大，炉墙作用在煤饼的压力显著减少，而该压力对焦炭质量提高有一定促进作用。

在结焦时间方面，如果顶装焦炉与捣固焦炉炉型相同、主要结构参数相近，捣固焦炉入炉煤料堆密度约是顶装焦炉的 1.4 倍，由于捣实煤料密度大，故其热导率大，因此两种炼焦方式下，煤料结焦时间的比值约为 1.12。

与顶装焦炉结构相比，捣固焦炉的特点包括捣固焦炉采用机侧装煤、炭化室锥度略小、煤饼的高宽比有一定限制、炭化室底部炉墙砖磨损严重、炉顶不设装煤孔。

2. 捣固装煤推焦机

捣固焦炉配套机械设备，从最初煤塔下部单独设置的捣固机及装煤推焦机发展到捣固、装煤、推焦组合一起的捣固装煤推焦机。捣固装煤推焦机实现煤料捣固成饼、装煤入炉和推焦的生产过程，捣固机入料，捣煤饼及煤饼推入焦炉已全部实现机械化。其可分为两大部分即与顶装焦炉相同的推焦部分和具有捣固煤饼与推送煤饼入炉的捣固部分。捣固装煤推焦机的组成有：钢架结构、走行机构、开门装置、推焦装置、除沉积碳装置、送煤装置等。

20 世纪 80 年代以来，运用薄层连续给料、多锤同时捣固技术，大大缩短了煤饼捣固时间，装煤一推焦操作周期达到了顶装焦炉水平，推动了捣固焦炉向大型化的发展。

捣固装煤推焦机的工作过程：煤料从煤斗通过振动给料机加入捣固箱，捣固箱物料达到一定料位后，开始用锤式捣固机进行连续捣固，边入料边捣固，捣固锤逐渐上移以适应煤饼高度的不断上升，直到捣固箱料位到达上限完成捣固。移动捣固装煤推焦机至炭化室机侧，打开炉门，煤饼入炉时，打开捣固箱前挡板，传动机构将活动壁外移，送煤装置带动托煤饼的底板平稳地进入炭化室；装煤后由后挡板顶住煤饼，将底板退离炭化室，最后撤回后挡板，关上炉门。

二、配型煤炼焦

配型煤炼焦是在炼焦装炉煤料中配入一定比例的成型煤料进行炼焦。20 世纪 50 年代，西德在炭化室高 6 m 的 40 孔焦炉上，实现炼焦配煤中混入部分压块煤料的炼焦技术。随后日本采用黏结剂成型技术，改善型煤的加工工艺和设备，促进了成型煤炼焦的快速发展。上海宝钢从日本新日铁公司引进配型煤炼焦技术和设备，在国内首次大规模实现配型煤炼焦。

（一）配型煤炼焦基本原理

配型煤炼焦，其方法是在装炉煤料中配入一定比例的型煤，然后装炉炼焦。配入型煤炼焦提高焦炭质量的基本原理是：

1.配入成型煤块后，提高了装炉煤料的堆密度，炼焦炭化过程中半焦收缩率降低，从而减少焦炭的裂纹度，提高焦炭的强度。

2.采用黏结剂成型技术，配入型煤中的黏结剂，不仅有利于细粒煤料的成型，其在炭化过程中，由于有机黏结剂的共炭化作用，改善了煤块与周围煤料的界面特征，增强了入炉煤料的黏结性，对提高焦炭质量有利。

3.型煤堆密度可达 $1.1 \sim 1.28$ t/m^3，而一般粉煤装炉时仅为 $0.70 \sim 0.758$ t/m^3。成型煤中煤粒相互接触远比粉煤紧密，降低了炭化过程中对胶质体数量的要求。当高密度型块与粉煤混合炼焦时，在软化熔融阶段，型块本体产生的膨胀，对周围煤料施加压紧作用，促进了煤料颗粒间的胶结，使焦炭结构更加致密，从而显著地提高了型块煤料的结焦性能。

4. 配有型煤的装炉煤，由于型煤致密，其导热性比粉煤好，升温速度快，较早地达到软化熔融状态，型煤中的熔融成分进入粉煤间隙，可增加粉煤颗粒间的表面结合，延长粉煤的塑性温度区间。

（二）配型煤炼焦工艺及影响

配型煤炼焦有两种基本工艺，分别为日本的新日铁法和住友法。

1. 日本新日铁法

日本新日铁法工艺粉煤和成型煤采用同样的配煤比，取出30%装炉煤用黏结剂成型制型煤，然后与其余70%装炉煤混合装炉炼焦。上海宝钢引进此工艺，型煤生产能力约 2 000 t/d。该工艺主要设备包括混煤机、混捏机、成型机和网式冷却输送机，宝钢选用的 4 台成型机每台干基成型能力为 40 t/h。型煤用焦油沥青做黏结剂，混捏温度约 100℃，热压成型。为了提高型煤强度，防止在贮运过程中碎裂和黏结，成型后的热煤球需冷却，使其表面硬化，宝钢采用网式冷却输送机，机械通风冷却，既可保证型煤质量，又可以缩短冷却时间。

2. 日本住友法

日本住友法工艺成型煤料的配比与入料煤的配比不同。成型过程使用非炼焦煤或弱黏结性煤，通过加入黏结剂成型处理，然后按比例将成型煤配合到另外单独处理的配煤煤粉中，经混合装炉。住友工艺在保证焦炭质量的前提下可以多用一些弱黏结煤，在同样的原料煤配比条件下，由于弱黏结性煤的集中成型使用，改善了煤料的结焦性。

3. 配型煤炼焦对工艺的影响

（1）原料煤性质。实践表明，弱黏结性煤成型后炼焦提质效果好于强黏结性煤，而煤化度高的低挥发分弱黏结性煤焦炭提质效果好于煤化度低的高挥发分煤。

（2）型煤配比。型煤配比也会影响焦炭的提质效果，日本住友金属的生产配煤试验表明，随配比增加，焦炭强度提高。大约配比每增加10%，强度升高 0.4% ~ 0.55%，当配比达 40% ~ 50% 时，强度达到最大值。

（3）黏结剂。成型煤使用的黏结剂主要来自煤焦油产品，如沥青和焦油等。一般来说，黏结剂添加量适当增加可以改善型煤强度和密度，提高成品率，对焦炭质量提高有利，黏结剂加入过多，增加成本。

（4）焦炭产量。配型煤炼焦由于装炉煤堆密度增加，焦炭产量提高。当型煤配比为 10% 时，装炉料堆密度比粉煤装炉提高 2.6%；配比为 20% 时，堆密度提高 5.9%；配比达 30% 时，堆密度提高 8.1%。但配型煤炼焦，结焦时间相应延长，当型煤配比为 20% 时，结焦时间要延长 4.3%；配比增加到 30%，结焦时间延长 7.1%。综合堆密度增加和结焦时间延长的结果，配型煤炼焦对焦炭产量无较大影响。

（5）焦炭块度。成型煤炼焦，可以改善焦炭块度，> 80 mm 级的大块焦减少、80 ~ 25 mm 级的中块增多 > 60 ~ 40 mm 级增多较显著、< 25 mm 级的碎焦下降约 1% ~ 2%，焦炭的平均粒度得到改善。

（6）炼焦膨胀压力和推焦电流。成型煤炼焦时，对炉墙产生的膨胀压力随型煤配比的增加而提高，推焦电流也随成型煤的配入而升高。配入 30% 的型煤较不配型煤时推焦电流约升高 10%，对强黏结性的成型煤料，推焦电流会急剧上升。

4. 配型煤炼焦的技术关键

发展配型煤炼焦的技术关键包括：

（1）来源广泛、价格低廉、效果较好的黏结剂。煤焦油、煤焦油沥青、石油沥青为较好的黏结剂，但其成本太高，需要寻找价廉的替代品。

（2）煤料与黏结剂的充分混捏。可以有效利用黏结剂，提高成型强度。

（3）可靠的成型设备及型煤输送与防破碎。

（三）配煤炼焦设备

配煤炼焦设备包括成型系统设备和炼焦系统设备。炼焦系统设备与相关炼焦工艺设备相同，而成型工艺设备主要包括配煤设备、粉碎机、捏合机、成型机等。配煤系统可以保证型煤配比的准确性与物料的稳定性；粉碎机将原料煤粉碎至适合的粒度，符合成型工艺煤料的粒度组成；捏合机主要是保证物料与黏结剂的均匀混合，以保证物料的成型特性；成型机则可以保证物料的成型率，生产合格的型煤。

三、煤干燥与煤调湿炼焦

对入炉煤先进行加热预处理，控制煤的水分，以改善入炉煤的成焦特性。预处理方法包括煤干燥与煤的调湿。

（一）煤干燥与调湿炼焦原理

利用干燥的方法，对装炉煤在炼焦炉外进行干燥脱水，使入炉煤水分干燥至6%以下后再装炉炼焦。由于煤料水分降低，降低了煤料间水分表面张力，增加了煤料颗粒之间的润滑，可以提高装炉煤的堆密度。同时由于水分降低，炭化室中心煤料和焦饼中心温度在100℃左右停留的时间减少，缩短了结焦时间，提高了炼焦速度，改善了煤料的黏结性，提高了焦炭的质量和产量，降低了炼焦耗热量；此外还可以降低火道温度以减少NO_x排放量，同时也减少了焦化厂的剩余氨水量。

（二）煤干燥与调湿炼焦工艺

1. 煤干燥工艺

煤干燥工艺流程包括煤干燥器、除尘装置和输送装置，分属焦化厂备煤车间。通常有两种组合形式，一种是煤干燥装置设置在炼焦配煤之后，对配合煤进行干燥处理；另一种是设置在配煤与粉碎之前，对单种煤进行干燥处理。后一种方式由于在煤粉碎过程中产生大量粉尘，通常采用对配合煤进行干燥处理的方式。

煤干燥典型工艺包括转筒煤干燥工艺、直立管气流式煤干燥工艺、流化床干燥工艺。其共同的特点是干燥热源采用燃烧炉或热风炉。

2. 煤调湿工艺

煤调湿（CMC）工艺比煤干燥工艺复杂。其干燥热源主要来源于对废热源的二次利用。煤调湿工艺较多，包括利用热煤油回收烟道余热及焦炉上升管显热的多管回转干燥式调湿工艺，重庆钢铁公司焦化厂采用此流程；利用焦炉烟气低温余热并辅助高炉煤气的直立干燥管调湿工艺，湘潭钢铁公司焦化厂采用此流程；采用流化床，利用焦炉烟道气加热，将风选粉碎与水分控制技术联合的调湿工艺，本钢焦化厂采用此流程；利用干熄焦蒸汽发电后的低压蒸汽为热源，利用多管回转式干燥器，蒸汽对煤间接加热干燥的调湿工艺，日本新日铁君津焦化厂采用此流程。

在煤调湿工艺的基础上，日本新日铁开发运行了炼焦预压块工艺。该工艺采用流化床干燥器，干燥器后设有筛分装置，筛出的粉煤经集尘器收集后送入对辊成型机成型，型煤与粗粒煤混合后送入焦炉炼焦。

3.煤干燥及煤调湿炼焦技术关键及效果

（1）干燥及调湿技术关键

干燥及调湿的技术关键主要包括对焦炉余热的最大有效利用、对煤水分的控制及干燥与调湿过程中粉尘的控制。

（2）干燥及调湿炼焦的效果

实现干燥及调湿炼焦，降低入炉煤的水分，可以提高装炉煤的堆密度，缩短干馏时间，焦炉生产能力可提高11%左右；降低炼焦耗热量，大约每降低1%的水分，干燥装置的耗热量为42 kj/kg干煤，而焦炉的耗热量降低62 kj/kg干煤。因此每干燥1%水分可减少热耗约为20 kj/kg干煤，可以多配弱黏结性煤，改善焦炭的质量，降低氨水的排放量，降低CO_2排放量等，具有节能、减排、降本、增益的效果。

（三）煤干燥与调湿炼焦设备

1.煤干燥设备

煤干燥的核心设备主要有干燥装置、除尘装置和热风炉。干燥装置包括转筒干燥器、直立管气流床干燥器和流化床干燥器等。除尘装置主要采用旋风除尘器、湿式除尘器。转筒干燥器为倾斜安装的水平长圆筒，靠传动机构的齿轮啮合低速旋转；转筒内设有扬料板，湿煤与热空气可以并流或逆流进入转筒，热空气与煤粒进行热交换，实现煤的干燥。直立管气流床干燥器包括给煤机、燃烧室、干燥器、旋风集尘器；湿煤加入立管底部，燃烧产生的热空气在管中形成上升气流，在流动中实现煤的干燥，干燥后的煤料由气流带走，再通过旋风集尘器收集。流化床干燥器，湿煤从加料器进入流化床内，来自燃烧炉的热气流从流化床底部送入，经过气流分布板向上流动，热气流速度大于流化速度而小于扬出速度，湿煤颗粒被分散在热气流中呈流动状态，水分不断蒸发，干煤粒从流化床出口溢出。

2.煤调湿设备

煤调湿的主要设备是湿煤干燥机和废气除尘器。湿煤干燥机主要有多层圆盘立式干燥机、蒸汽管干燥机及回转管式干燥机。废气除尘器通常采用脉冲袋式除尘器。

多层圆盘立式干燥机为圆形筒体，筒内安装有带多层圆盘的主轴，圆盘随主轴转动。湿煤给入最上层圆盘，随圆盘转动到一定位置后翻落到下一层圆盘，从最下层圆盘排出。加热用废烟气分两路同时从干燥机的下部和上部进入，从中部引出，与湿煤同时进行并流或逆流直接换热，实现煤的干燥。

蒸汽管干燥机外形像回转窑，窑内装有多层同心圆排列的蒸汽管。湿煤通过螺旋给料机送入窑内，与管内蒸汽进行换热，回转窑内同时还通有预热的空气，与湿煤并流完成直接换热，实现干燥。湿煤从高端进入，低端排出。

回转管式干燥机外形像一个倾斜放置的转鼓，鼓内布满钢管，湿煤从煤斗通过溜槽和多层倾斜板均匀地分配给转鼓内的各根钢管，而每根钢管像一个围绕转鼓轴做圆周运动的小回转窑。水蒸气从转鼓空心轴的连接处通入，管内的湿煤被管外的蒸汽间接加热而脱除水分，干燥煤从转鼓低端排出。

四、煤预热炼焦

煤预热炼焦，是指炼焦煤料在炉外预热到 150 ～ 250℃左右，然后装入炭化室内炼焦。

（一）预热煤炼焦基本原理

煤预热后炼焦，在炭化室内，随着结焦过程的进行，其软化、熔融、热解、固化、收缩过程均发生显著变化。预热后煤料在炭化室内的加热速度提高、流动性增强，使得煤分布均匀堆密度提高，其所形成的塑性层比较厚，煤料在 460 ～ 560 ℃软化温度区间内温度梯度最小，亦即胶质体的停留时间较长，这些均有利于改善煤料的黏结性和提高焦炭质量。

（二）煤预热炼焦工艺和影响因素

1.煤预热炼焦工艺

煤预热炼焦工艺由装炉煤预热、预热煤储运和预热煤装炉三部分组成。目前，工业应用的煤预热炼焦工艺包括西姆卡（Simcar）法、考泰克（coaltak）法和普列卡邦（Precarbon）法。

西姆卡（Simcar）工艺，由双直立气流式预热器和带有除尘设备的装煤车组成。湿煤用抛煤机送入干燥管下部，来自预热管的热气体在干燥管内夹带煤粒并流上升并得到干燥。干燥煤和热气体通过两次分离得到预热煤。

考泰克（coaltak）工艺由气流式干燥段、粉碎机和流化床预热段三部分组成。湿煤输送到气流式干燥段的中下部，高温气体夹带湿煤颗粒在气流式干燥段内并流向上得到干燥，干燥煤继续上升到流化床预热段，直径＞3 mm 的颗粒落入气流干燥器内置的破碎机粉碎后再次被上升气流夹带到流化床预热段预热得到预热煤。

普列卡邦工艺（Precarbon）主要由低温干燥管、高温预热管、给料器及旋风分离器组成。湿煤由旋转分布器供入干燥管，被来自预热管的热废气加热干燥，然后通过旋风分离器分离，干燥煤经星形给料器和下降管再供入预热管，被高温烟气预热到指定温度再次分离得到预热煤。

由于煤料预热和捣固对焦炭质量的改善具有叠加效果，德国研究成功将预热和捣固相结合，在添加黏结剂的条件下，将经过预热的煤料捣固后炼焦，从而使生产能力和焦炭质量得以进一步提高。

2. 煤预热炼焦影响因素和效果

（1）影响因素

预热温度是影响预热煤炼焦的主要因素。预热温度的高低，影响装炉煤的堆密度、炭化室内的温度梯度、炭化过程中胶质体的厚度及塑性区间、焦炉的热耗生产能力及成本。煤的预热温度愈高，则愈容易氧化，虽然在煤预热及热煤贮运和装炉过程中采取措施防止煤与空气接触，但还是不可能完全避免煤氧化，因此煤的预热温度不宜过高，从预热温度与堆密度对应关系曲线及预热温度与焦炭质量关系曲线看出，预热温度一般 200 ~ 250℃为好。

（2）煤预热炼焦效果

①装炉煤堆密度增大而且均匀化。预热煤表面水膜除尽，煤粒间相对位移阻力变小，煤料均匀流畅，能自动铺平并紧密堆积。

②降低煤料塑性区间的升温速度，升温速度由常规炼焦的 2 ~ 3℃/min 下降为 0.7℃/min，延长了胶质体的塑性时间，改善了焦炭质量。

③装煤炉升温速度加快。焦炉供给炭化室的热量无需蒸发水分，炼焦耗热量可以降低 10%。由于升温速度明显加快，塑性层厚度加大，膨胀压力增大，焦炭气孔率低、反应性低、反应后强度高。同时大幅减少剩余氨水

和含酚废水的处理量。

④炭化室内距炉墙不同距离处煤料温度梯度减小，胶质层厚度增加，有利于改善结焦过程，提高焦炭质量。

⑤焦饼中心温度曲线斜率变大，达到相同焦饼中心温度的时间缩短，提高了焦炉的生产能力。煤料预热到250℃装炉，可以使焦炉的生产能力增加35%以上。

⑥膨胀压力和推焦电流值增大，膨胀压力均比湿煤大3～10倍，可以多配收缩性大的低变质煤，节约成本。

（三）煤预热炼焦设备

工业使用的煤预热器包括转筒干燥器、沸腾层预热器、直立管预热器、旋风预热器和固体热载体预热器以及将流态化技术和固体热载体传热技术联合使用的预热器。沸腾层预热器、直立管预热器、旋风预热器均具有流态化装置的优势，但其热煤粒与废气分离困难，高温废气直接与煤接触，其均匀性难以控制，造成过热损坏黏结性，动力消耗大。

第五章 煤炭气化技术与工艺

第一节 煤炭气化反应特性

一、煤炭气化过程的共性

煤炭气化是煤在高温、常压或加压的情况下，与气化剂反应，转化为气体产物和少量残渣的过程。气化剂主要是水蒸气、空气（氧气）或它们的混合气体。煤的气化反应比较复杂，包括了一系列均相与非均相的化学反应。在不同的气化方式和不同的气化剂下，煤炭气化反应有其特殊性，但也有明显的共性。煤炭气化过程的共性表现在：在气化炉内，煤一般都要经历干燥、热解、燃烧和气化过程。

（一）干燥

原料煤（块煤、碎煤、粉煤、煤浆）加入气化炉后，由于煤与炉内热气流之间的传热（对流或辐射），煤中的水分蒸发，即：

$$湿煤 \xrightarrow{\text{加热}} 湿煤 + H_2O$$

煤中水分的蒸发速率与煤颗粒的大小及传热速率密切相关，颗粒越小，蒸发速率越快；传热速率越快，蒸发速率也越快。对于以干煤粉或水煤浆为原料的气流床气化过程，由于大部分煤颗粒小于 200 目，炉内平均温度在 1 300 ℃以上，可认为水分是在瞬间蒸发的。

（二）热解

煤是由矿物质、有机大分子化合物等组成的极其复杂的物质，在受热后煤自身会发生一系列复杂的物理和化学变化，这一过程传统上称为"干馏"，现在一般称为热解或热分解。炼焦过程就是一个典型而完整的煤热解的例子。气化过程中煤的热解，除与煤的物理化学特性、岩相结构等密切相关外，还与气化条件密不可分。

在以块状或大颗粒煤为原料的固定床气化过程中，煤与气化后的气体产物逆向接触，进行对流传热，升温速率相对较慢，其热解温度通常在700℃以下，属于低温热解。

在以粉煤或水煤浆为原料的气流床气化过程中，煤颗粒的平均直径只有几十微米，气化炉内温度极高，水分蒸发与热解速率极快，热解与气化反应几乎同时发生，属于高温快速热解过程。

煤气化过程，特别是气流床气化过程中，煤颗粒和气流的流动属于复杂的湍流多相流动，流动与混合过程对煤的升温速率和热解产物的二次反应有显著影响，这种热解过程与炼焦过程的热解明显不同。

1. 煤热解过程的物理变化

热解过程中，煤中的有机质随温度的升高将发生一系列变化，其宏观的表现是析出挥发分，残余部分形成半焦或焦炭。一般将煤的热解过程分为三个阶段，从室温到350℃为第一阶段，350～550℃为第二阶段，550℃以上为第三阶段。气化过程，特别是气流床气化过程煤的升温速率很快，这三个阶段并无特别明显的界限。

热解过程的物理变化主要表现在：低温下，煤中吸附的气体析出，主要为甲烷、二氧化碳和氮气。温度继续升高，会发生有机质的分解，生成大量挥发分（煤气和焦油），煤黏结成半焦，煤中灰分全部存在于半焦中，煤气成分除热解水、一氧化碳、二氧化碳外，还有气态烃。一些中等煤阶的煤（如烟煤），会经历软化、熔融、流动和膨胀直到再固化，期间会形成气、液、固三相共存的胶质体。研究表明，在450℃左右时，焦油析出量最大，450～550℃范围内气体析出量最多。温度进一步升高时，会发生缩聚反应和烃类挥发分的裂解，半焦变成焦炭，气体主要为烃类、氢气、一氧化碳和二氧化碳。

2. 煤热解过程的化学变化

煤热解过程涉及的化学反应非常复杂，反应途径多种多样。一般认为煤热解过程包括两大类主要的反应，即裂解反应和缩聚反应，热解前期以裂解反应为主，热解后期以缩聚反应为主。

一次分解产物在析出过程中，如果进一步升温，就会发生二次热分解反应，传统的观点认为，二次热分解反应主要有裂解、芳构化、加氢和缩聚反应，但在气流床气化过程中，温度很高，气化反应速率极快，一次分解产物以燃烧反应为主，二次热分解反应可能是次要的。

煤的煤化程度、岩相组成、粒度、环境温度条件、最终温度、升温速率和气化压力等对煤的热解过程均有影响。

（三）气化过程中的化学反应

煤气化反应涉及高温、高压、多相条件下复杂的物理和化学过程的相互作用，是一个复杂的体系。对于气流床和流化床气化，由于涉及复杂条件下的湍流多相流动与复杂化学反应过程的相互作用，过程就更为复杂。传统上，气化反应主要指煤中碳与气化剂中的氧气、水蒸气的反应，也包括碳与反应产物以及反应产物之间进行的反应。随着对气流床气化过程研究的深入，发现这样的认识有一定的局限性，比如在以纯氧为气化剂的气流床气化过程中，第一阶段的反应显然以挥发分的燃烧反应为主，当氧气消耗殆尽后，气化过程将以气化产物与残碳的气化反应为主。

二、气化与燃烧的比较

可以把煤的气化过程看作煤的富燃料燃烧的一种，从这个角度讲，煤的气化和燃烧存在诸多相似的方面，诸如使用相同的原料煤的处理方法，如煤的制备、研磨、干燥、煤浆的制备等。

三、气化过程中的催化作用

煤炭气化过程是一个复杂的多相反应过程，在影响过程速率的各因素中，已经发现固相中某些组分（化合物）对煤-气化剂间的反应有催化作用。

后来通过大量实验，用纯石墨添加各种化合物，或用脱灰的煤添加各种化合物来研究其催化作用。多数实验结果表明：碱金属、碱土金属及过渡金属是最有效的催化剂，它们不仅影响气化速率，而且影响反应活化能 E。当有催化剂存在时，碳与氧及碳与二氧化碳等反应的 E 值均有所下降，同时催化剂还可以改变煤气组成。

影响催化剂催化效果的主要因素如下；

①催化剂的化学形态。催化剂的化学形态对其催化效果影响显著，已经发现 Fe、Ni 在其元素状态，或在反应中转变为元素状态更有催化作用；钾、钠等碱金属元素催化效果好的化学形态为碳酸盐类，而磷酸盐类催化效果最差；各类金属盐类化合物中，有机盐类比无机盐类催化效果好；铁及过渡金属氧化物对 $C-CO_2$、$C-H_2O$（g）反应体系，其中低价氧化物更有效。

②催化剂的物理形态。一般说，催化剂以什么形态添加到煤炭中去，对其催化剂效应至关紧要。这里的物理形态指催化剂添加方法，常用的方法可分为浸渍法和物理混合法，实验证明浸渍法催化效果优于物理混合法。

③催化剂配用的数量。在一定范围内，催化剂配用量与催化作用成正比。但常常催化剂在配用量上有一个所谓"饱和点"，即中间最佳量。催化剂配用量不及或超过此点，催化效应均有下降，甚至得到负催化效应。

④催化剂使用的反应条件。一般地说，催化气化时的温度越高，催化剂的效果越差。

催化剂提高气化反应总速度最根本所在是催化剂改变了反应途径，降低了活化能。如在 $C—O_2$ 反应中，把胶体铁涂在石墨上，该反应的活化能就从 192.6 kj/kmol 降低到 41.9 kj/kmol。在 $C—CO_2$ 反应中，把 7% 铁浸渍在粉焦上，活化能从 256.2 kj/kmol 下降到 95.5 kJ/kmol。

近几十年来，世界各国对煤催化气化进行了较为广泛的研究。煤催化气化具有以下优越性：①可以加快煤气化速度，提高碳转化率；②在同样气化速率下可以降低气化温度，减少能量消耗；③在加压下气化可以促进甲烷反应，提高甲烷的收率和煤气热值；④可以降低煤的黏结性，扩大气化用煤范围，还可以使用适当的粉煤和型煤。

四、气化反应的化学平衡

设有如下可逆反应（基元反应）：

$$eE + gg \rightleftharpoons aA + bB$$

气化过程中的化学反应在进行正反应的同时，反应产物也相互作用形成逆反应。当正反应与逆反应的速率相等时，化学反应就达到动态平衡。

根据质量作用定律，以各组分气体分压表示的平衡常数 K，如下式：

K_p 以座

$$K_p = \frac{p_A^a p_B^b}{p_E^E p_G^©}$$

式中，p_A、p_B、p_E 和 p_C 各为 A、B、E 和 G 气体组分的分压。

（一）温度的影响

温度对平衡常数影响，可用 $C + CO_2 \rightleftharpoons 2CO$ 表示：即在 $800 \sim 1\,000\,℃$ 温度下发现几乎所有的 CO_2 均反应生成 CO。

（二）压力的影响

若反应的进行伴随着气相体积的增加或减少，则升高总压力时，反应向减少总压力的方向（即减少体积）的方向进行。反之，降低总压力时，将使反应向增加总压力的方向（即增加体积的方向）进行。

从反应方程式 $C + CO_2 \rightleftharpoons 2CO$ 中不难看出，有

$$\frac{\mathrm{d}\ln K_p}{\mathrm{d}T} = \frac{ÄH^{\ominus}}{RT^2} \quad （5-1）$$

式中，$ÄH^{\ominus}$ 为标准状态下的反应热效应。

由上式可知，若反应是吸热的，则 $\Delta H^{\ominus} > 0, \dfrac{\mathrm{d}\ln K_p}{\mathrm{d}T} > 0$，平衡常数值随温度的升高而增加，即温度上升，平衡向吸热方向进行。若反应是放热的，则 $\Delta H^{\ominus} < 0, \dfrac{\mathrm{d}\ln K_\rho}{\mathrm{d}T} < 0$，平衡常数值随温度的升高而减小，即温度降低，平衡向放热方向进行。

按理想气体计算出的热力学关系应符合 $pV = nRT$ 状态方程式。实际上，接触到的都是真实气体，在加压下其性质如按理想气体考虑将存在很大差异，上述的热力学相互关系，在此情况下是不准确的。如平衡常数 K_p 不仅是温度的函数，而且同时也随着总压力而变化。

对非理想系统应用热力学定律时，可使用称之为逸度的某些有效压力以替代实验分压，则以 K_f 替代 K_p。

$$K_f = \frac{f_A^a f_B^b}{f_E^E f_G}$$

式中，f_A、f_B f_E f_C 为物质 A、B、E、G 的分逸度，对理想气体 $p = f$，即逸度与压力相同。

在低压下，由理想气体导出的热力学相互关系也可用于实际气体，因为当 $p \to 0$ 时，$f \to p$。一般情况下，逸度与压力具有以下关系：

$$f = rp$$

式中 r —— 活度系数。

对于气相混合组分则相应为：

$$f_1 = r_i p_i$$

式中 r_i —— 该组分的活度系数；

p_i —— 该组分的分压力。

则 K_f 与 K_p 之间的相互关系可用下式表示：

$$K_f = K_p \cdot \frac{r_A^a r_B^b}{r_E^c r_G^b} \quad （5-2）$$

计算活度系数时可考虑使用简单而对工艺计算足够准确的（达 4%）经验方法。例如，引用对比压力 $\pi = \dfrac{p}{pc}$ 及对比温度 $\tau = \dfrac{T}{T_c}$（p_c 为临界压力，T_c 二为临界温度）。然后，根据不同气体的对比温度 τ 及对比压力 π 由气体和蒸气的活度系数图查出相应的活度系数。对于 H_2、He 及 Ne 的对比温度和对比压力的计算应改用下面的公式：

$$\pi = \frac{p}{p_e + 8}, \tau = \frac{T}{T_c + 8} \quad （5-3）$$

第二节　固定床气化技术

固定床气化也称移动床气化。固定床气化一般以块煤或焦炭为原料。煤或焦炭由气化炉顶加入，气化剂由炉底加入。流动气体的上升力不致使固体颗粒的相对位置发生变化，即固体颗粒处于相对固定状态，床层高度亦基本保持不变，故称为固定床气化。另外，从宏观角度看，由于煤或焦炭从炉顶加入，含有残炭的炉渣自炉底排出，气化过程中，煤或焦粒在气化炉内逐渐并缓慢往下移动，因而又称为移动床气化。

本节着重讨论在常压和加压下各种固定床（或称移动床）的气化技术方法及以发生炉为主的气化过程的物料和热量衡算。

一、发生炉煤气

以煤或焦炭为原料，以空气和水蒸气作为气化剂通入发生炉内制得的煤气称为发生炉煤气。本段着重讨论在常压固定（移动）床中生产发生炉煤气的气化原理和制气工艺过程。

（一）制气原理

将煤、焦炭等原料投入发生炉中，通入空气和水蒸气，在炉内先后发生碳与氧、碳与水蒸气及碳与二氧化碳的反应，并伴随有碳与氢的以及其他一些均相反应。

理想的制取发生炉煤气的过程，应是在气化炉内实现碳与氧所生成的二氧化碳全部还原为一氧化碳。这时过程所释放出的热量，正好全部供给碳与水蒸气的分解过程。

1. 理想发生炉煤气

在发生炉内进行的最基本的化学反应为

$$C + \frac{1}{2}O_2 + 1.88N_2 = CO + 1.88N_2 \quad \Delta H = -110.4 \text{kJ} / \text{mol}$$

$$C + H_2O = CO + H_2 \quad \Delta H = 135.0 \text{kJ} / \text{mol}$$

2. 实际发生炉煤气

实际气化过程与理想情况存在很大差别。首先，气化的原料并非纯碳，而是含有挥发分、灰分等的煤或焦炭，且气化过程不可能进行到平衡。碳更不可能完全气化，水蒸气不可能完全分解，二氧化碳也不可能全部还原，因而煤气中的一氧化碳、氢气含量比理想发生炉煤气组成要低。同时，气化过程中存在热损失，如生成煤气、带出物和炉渣等带出的热损失、散热损失等，因而气化效率随煤种的改变而不同，一般应为 70% ~ 75% 左右。

3. 沿料层高度煤气组成的变化

水蒸气在氧几乎耗尽之前，表观上没有发生任何反应，只是受到预热。当氧接近耗尽时，开始进入还原层。在此层内，二氧化碳逐渐还原为一氧化碳，水蒸气分解生成氢气和一氧化碳，水蒸气的量逐渐减少。由于一氧化碳含量增加和未分解水蒸气的存在，沿着还原层向上，温度逐渐降低。一氧化碳和水蒸气按趋向转变成二氧化碳和氢，此情况一直延续到燃料层上部空间，所以二氧化碳和氢的含量仍有所增加，一氧化碳含量稍有降低。

（二）气化过程的控制

对气化过程的控制，目的在于根据原料和对煤气的要求，选择合适的炉型。在可能达到的合理气化强度条件下，获得高的气化效率。

如使用的原料具有弱黏结性，就需要选用带搅拌装置的气化炉进行气化。如原料煤的机械强度和热稳定性差，则在带有搅拌装置的气化炉中可能破坏加入炉中的原料的合理筛分组成。当原料的筛分组成粒度较小，又要求以热煤气形式输往用户时，则选用干法出灰的气化炉可能更有利。

根据气化炉的特点和原料性质，确定合理的气化强度范围。气化强度与原料种类有关，原料中水分与挥发分在干馏层和干燥层从原料中逸出，实际进入气化层的只是焦炭。一般气化强度均按工作原料计算。如某无烟煤按工作原料计算的气化强度为 200 kg/（$m^2 \cdot h$），如按半焦计算只有 185 kg/（$m^2 \cdot h$）。某褐煤按工作原料计算的气化强度为 260 kg/（$m^2 \cdot h$），而按半焦计算只有 150 kg/（$m^2 \cdot h$）。如气化强度超过合理的范围，就可能使灰渣中含碳量增加和出口煤气中带出物增多，从而增加了原料的损失，因而降低煤气产率，并且影响到煤气的质量，其综合结果是气化效率降低。

在机械化固定层发生炉中，使用烟煤时的气化强度一般为 200 ~ 300 kg/（$m^2 \cdot h$），使用无烟煤或焦炭时的气化强度一般为 200 ~ 250 kg/（$m^2 \cdot h$）。

要使燃料层保持一定的高度和气化强度，即意味着燃料层和气化剂之间应控制在一定的接触时间。为了取得良好的气化效率，必须使气化炉中保持均匀和不致发生结渣的最高炉温。

1. 水蒸气消耗量与原料性质的关系

原料中灰分含量越高和灰分的变形、软化温度越低，则在气化炉中结渣的可能性越大。为了防止结渣，必须增加水蒸气的加入量，亦即提高鼓风饱和温度。但过分地增加鼓风中的水蒸气量，往往会降低煤气的质量。当原料的活性高时，在相同温度下的蒸气分解率高，则鼓风的饱和温度可适当降低。对不同类型的燃料来说，水蒸气单位消耗量也不同。气化 1 kg 无烟煤约需水蒸气 0.32 ~ 0.50 kg，气化 1 kg 褐煤约需水蒸气 0.12 ~ 0.20 kg。水蒸气单位消耗量的差异主要由于原料煤的理化性质不同，如原料中水分和挥发分越多，经干燥干馏后进入气化层的碳量就越少。而在气化层中每气化 1 kg 碳的水蒸气消耗量大致相同，例如，无烟煤是 0.42 ~ 0.66 kg、烟煤是 0.42 ~ 0.62 kg、褐煤是 0.40 ~ 0.63 kg。所以，可以这样认为，在正常气化过程中，对于在气化层中气化每 1 kg 碳而言，水蒸气的消耗量最低为 0.40 ~ 0.43 kg，最高为 0.63 ~ 0.65 kg。

2. 水蒸气的单位消耗量对水蒸气分解率和气化指标的影响

在生产过程中，当水蒸气用量较少时，可得到质量较好的煤气。随着水蒸气单位消耗量的增加，水蒸气的绝对分解量也增加，但是水蒸气的分解率却降低。

因此，只有当原料中灰分较多，灰熔点较低，结渣性较强时，才采用提高气化剂中水蒸气含量，即提高饱和温度的方法，防止炉内灰分熔融结渣，以保持气化过程的正常运行。

故控制合适的饱和温度并使之稳定，同时要力求减少波动（最好不大于 ±1℃）是固定床气化炉操作控制的又一重要因素。

（三）煤气发生炉

为了使气化过程在炉内正常进行，保持各项气化指标的稳定，发生炉必须有合理的结构和正常的操作制度。

发生炉的形式很多，通常可根据气化原料种类、加料方法、排渣方法及操作方式进行分类，根据当前存在的炉型和今后可能选用的炉型趋势，着重介绍两种典型的机械化常压煤气发生炉。

1. 具有凸型炉算的煤气发生炉

凸型炉算的煤气发生炉中，较普遍使用的有两种形式，即 3M21 型和 3M13 型、3M21 型煤气发生炉主要用于气化贫煤、无烟煤和焦炭等不黏结性燃料，而 3M13 型煤气发生炉主要用于弱黏结性烟煤。这两种发生炉都是湿法排灰，亦即灰渣通过具有水封的放置灰盘排出。这两种发生炉的机械化程度较高，性能可靠。但发生炉的构件基本上都是铸造件，所以制作较复杂。以下着重介绍 3M13 型煤气发生炉。

3M13 型煤气发生炉，这是一种带搅拌装置的机械化煤气发生炉。设搅拌装置的目的是当气化弱黏结性烟煤时可用来搅动煤层，破坏煤的黏结性，并扒平煤层。上部加煤机构为双滚筒加料装置。搅动装置是由电动机通过蜗轮、蜗杆带动在煤层内转动，搅拌耙可根据需要在煤层内上下移动一定距离，搅拌杆内通循环水冷却，防止搅拌耙烧坏。

发生炉炉体包括耐火砖砌体和水夹套，水夹套产生蒸汽可作气化剂。在炉盖上设有汽封的探火孔，用以近视炉内操作情况或通过"打钎"处理局部高温和破碎渣块。

发生炉下部为炉箅及除灰装置，包括炉箅、灰盘、排灰刀及气化剂入口管。灰盘和炉箅固定在铸铁大齿轮上，由电动机通过蜗轮、蜗杆带动大齿轮转动，从而带动炉箅和灰盘转动。带有齿轮的灰盘坐落在滚珠上以减少转动时的摩擦力，排灰刀固定在灰盘边侧，灰盘转动时通过排灰刀将灰渣排出。

2. 魏尔曼－格鲁夏（Wellman-Galusha）煤气发生炉

魏尔曼－格鲁夏煤气发生炉有两种形式：一种是无搅拌装置的用于气化无烟煤、焦炭等不黏结性燃料；另一种是有搅拌装置的用于气化弱黏结性烟煤。该炉总体高 17 m，加煤部分分为两段，煤料由提升机送入炉子上面的受煤斗，再进入煤箱，然后经煤箱下部四根煤料供给管加入炉内。在煤箱上部设有上阀门，在四根煤料供给管上各设有下阀门，下阀门经常打开，使煤箱中的煤连续不断地加入炉中。当下阀门开启时，关闭上阀门，以防煤气经煤箱逸出。只有当煤箱加煤时，先关闭四根煤料供给管上的下阀门，然后才能开启上阀门加料。当加料完毕后，关闭上阀门，接着开启下阀门，上、下阀门间有连锁装置。发生炉炉体较一般发生炉高（炉径 3 m 时，总高 17 m，炉体高 3.6 m，料层高度 2.7 m），煤在炉内停留时间较长，有利于气化进行完全。发生炉炉体为全水套，鼓风空气经炉子顶部夹套空间水面通过，使饱和了水蒸气的空气进入炉子底部灰箱经炉箅缝隙进入炉内，灰盘为三层偏心锥形炉算，通过齿轮减速传动，炉渣通过炉算间隙落入炉底灰箱内，定期排出。由于煤层厚，煤气出口压力高，故为干法排灰。

魏尔曼－格鲁夏煤气发生炉生产能力较大，操作方便，整个发生炉中铸造件很少，故制造方便。

（四）煤气发生站工艺流程

煤气发生站的工艺流程按气化原料性质及所使用煤气的要求不同，可分为热煤气工艺流程、无焦油回收的冷煤气工艺流程及有焦油回收的冷煤气工艺流程。仅对有焦油回收的冷煤气工艺流程介绍如下。

当气化烟煤时，气化过程中产生的焦油蒸气随同煤气一起排出。这种焦油现在尚不能作为重要的化工产品，但冷凝下来会堵塞煤气管道和设备，故必须从煤气中除去煤气由发生炉出来，首先进入竖管冷却器，初步除去重质焦油和粉尘，同时根据焦油性质不同冷却至 80 ~ 90℃左右，经半净煤气管道进入电捕焦油器，除去焦油雾滴后进入洗涤塔，煤气被冷却到 35℃以下，进入将净煤气管道，经排送机送至用户。

二、水煤气

水煤气是炽热的碳与水蒸气反应所生成的煤气。燃烧时火焰呈现蓝色，所以又称为蓝水煤气。

（一）制气原理

碳与水蒸气的反应如下式所示：

$$C + H_2O \rightleftharpoons CO + H_2 \quad \Delta H = 135.0kJ / mol$$

$$C + 2H_2O \rightleftharpoons CO_2 + 2H_2 \quad \Delta H = 96.6kJ / mol$$

上述反应是吸热反应，为了维持一定的反应温度，提供水蒸气分解所需热量，一般有以下几种方法：外部加热法；热载体法；用氧和水蒸气为气化剂的连续气化法；用水蒸气和空气为气化剂的间歇气化法。目前，制造水煤气以后两种方法较普遍。第三种方法将在后面予以阐述。本节内容讨论间歇气化法生产水煤气。

在间歇法生产水煤气的过程中，首先向发生炉内送入空气，使空气中的氧和炽热的碳发生下列反应而放出热量：

$$C + O_2 = CO_2 \quad \Delta H = -394.1kJ / mol$$

$$C + \frac{1}{2}O_2 = CO \quad \Delta H = -110.4kJ/mol$$

所放出的热量蓄积于燃料层中，当蓄积的热量使燃料层达到制造水煤气所需的温度时，停止送入空气，然后向发生炉 $CO + \frac{1}{2}O_2 = CO \quad \Delta H = -283.7kj/mol$ 内送入水蒸气，使水蒸气和炽热的碳进行反应而生成水煤气。经过一定时间后，燃料层温度下降，当水蒸气不再分解或分解很少时，停止送入水蒸气，再向发生炉送入空气，如此循环不已。

向发生炉送入空气的阶段称为吹空气阶段或吹风阶段，向发生炉送入水蒸气的阶段称为吹蒸汽阶段或制气阶段。上述两阶段联合组成煤气制造过程的工作循环。

1. 理想水煤气

在理想条件下制取的水煤气称为理想水煤气。理想水煤气的所谓理想条件是指在整个生产水煤气的过程中无热量损耗，故 1 kmol 碳燃烧所放出的热量可以用来分解的水蒸气量为 394.1/135.0 ≈ 0.3 kmol.

因此，生成理想水煤气的方程式可写为：

$$C + O_2 + 3.76N_2 + 3C + 3H_2O - CO_2 + 3.76N_2 + 3CO + 3H_2 \quad \Delta H = 0$$

由于生产过程是间歇性的，吹空气所得的吹风气和吹水蒸气所得的水煤气是分别引出的。吹风气的组成为 $\varphi(CO_2 + 3.76N_2)$ 或为 21%CO_2 和 79%N_2（体积分数）；理想水煤气的组成为 φ（3CO+3H_2）或为 50%CO 与 50%H_2（体积分数）；总的碳消耗量为 4 kmol 或 12×4=48 kg。

气化效率几乎为 100%，即表示碳燃烧的所有热能都转变到气体的可燃组分中去了。实际上在生产过程中，不可能达到此理论值。

2. 实际水煤气

在实际情况下，在焦或无烟煤制得的水煤气中除 H，和 CO 外，常含有 CO_2、O_2、H_2S、N_2 和 CH_4。

水煤气中二氧化碳的来源，一部分来自一氧化碳与水蒸气的变换反应 $CO + H_2O \rightarrow CO_2 + H_2$ 另一部分来自吹风阶段中发生炉内产生的二氧化碳。在实际操作中，要设法避免水煤气为吹风气所掺混。

水煤气中含有大量水蒸气，一部分是原料带入的，另一部分是生产过程中吹入的水蒸气未完全分解而混于水煤气中。

水煤气中的氮气一部分来自吹风气，另一部分是由于空气阀门不严密而漏入所造成的。水煤气中的硫化氢是原料中的硫化物与氢气、水蒸气相互作用而生成的。

在水煤气的制造过程中，经常有少量甲烷生成。一般认为灰分中的铁元素作为催化剂存在，在温度为 300 ~ 1 150℃的范围内，能进行甲烷生成反应。甲烷的生成量随温度升高而降低。

实际水煤气中氢的含量远高于一氧化碳的含量。这表明在实际操作条件下，有相当一部分一氧化碳与水蒸气反应生成了二氧化碳和氢。

由于碳燃烧不完全，加上吹风气带走部分化学热和显热，因此碳的化学热不能全部用于制造水煤气；另外，还有水煤气显热及未分解的水蒸气的热量损失，炉渣和带出物的热量损失，以及炉体设备的散热损失等，故实际水煤气生产的气化效率远远低于理论值，一般为 60% ~ 65% 左右。

（二）间歇法制造水煤气

间歇法制造水煤气，主要是由吹空气（蓄热）、吹水蒸气（制气）两个过程组成的。但是，为了节约原料、保证水煤气质量、正常操作和安全生产，还必须包括一些辅助阶段。一般由以下几个阶段组成制造水煤气的工作循环。

在吹空气阶段结束之后，在炉子上部和管道内尚存有残余吹风气。为了避免含有大量氮气和二氧化碳的吹风气进入水煤气系统而降低水煤气质量，需要用水蒸气将这部分残余吹风气吹出。因而需要有一个短时间的吹净阶段（蒸汽吹净阶段）。当生产合成氨的原料气或对煤气质量要求不严格时，可以不需要这个阶段。

当吹空气（鼓风）、吹净阶段结束后，由炉底吹入水蒸气与原料进行水煤气反应。燃烧层下部首先进行还原反应，故下部温度降低很快。这时，气化层逐渐上移，炉子上部温度较高。因而增大了水煤气带走的显热损失。为了使气化过程在一个稳定的、温度均匀的区域进行，在水蒸气上吹一段时间后，从炉子上部吹入水蒸气，它在进入气化层之前，先被上部料层加热，使上部料层温度降低。在这个阶段，水煤气从炉子下部引出，气体的显热则传给下部的灰渣层。水煤气出口温度在 300 ℃左右。这样，当下一次向炉内鼓入空气使燃料层蓄积热量时，基本可使氧化层的位置保持在炉内下部而不上移，以免造成灰渣中含碳量的大量增加。

在水蒸气下吹后，如立即吹入空气，空气与炉子下部的水煤气混合，会形成爆炸性混合物。为了安全生产，需再次上吹蒸汽，将炉子下部的水煤气吹尽。此阶段的时间很短，以免降低炉温。在进行下一个循环之前，需要用空气将炉内和管道中的水煤气吹入水煤气系统，以免随吹风气逸出而造成损失。

对每一个工作循环，都希望料层温度不发生剧烈的波动。为此，要求各阶段的时间间隔尽可能缩短，并合理调节各阶段的时间比例关系。循环时间与原料性质有关，活性差的原料需要较长的循环时间。活性好的原料进行气化时，料层温度降低很快，适当缩短循环时间对制气有利。另一方面，各个阶段的时间间隔受开闭阀门时间的限制，因开闭阀门的时间是一定的，如缩短循环时间，即意味着非生产时间所占的比例增加。缩短循环时间超过一定范围，则将得不偿失，特别是当用人工开闭阀门时更甚。工作循环的时间间隔一般不少于 6 ~ 10 min. 采用自动控制阀门交换的发生炉时，每一工作循环可缩短到 3 ~ 4 min。

水煤气制造的生产阶段中第三、第四、第五和第六阶段（其中第三、第四为主要生产阶段）的时间占整个循环时间的比例在自动控制阀的发生炉中约为 75%。由此可见，水煤气发生炉的生产效率较低，这是间歇式生产水煤气的主要缺点。

（三）富氧连续气化制造水煤气和半水煤气

1. 工艺特点

如上所述，间歇法将提供热量的反应与消耗热量的水煤气反应分开进行，所以存在许多缺点。从 20 世纪 60 年代起，中国的一些化肥厂相继对其进行技术改造，开发成功富氧连续气化工艺，具有如下特点：取消了六阶段循环，采用富氧/纯氧和蒸汽连续气化，取消了阀门的频繁切换，大大延长了有效的制气时间，使生产能力提高；气化强度、气化效率如煤气的有效成分随气化剂中氧浓度增加而增加；一般认为中小规模生产可采用富氧，大规模生产用纯氧更为合适。

2. 对于气化原料的要求

在制燃料气时，对气化原料的要求与发生炉制气时基本相同，可以使用高挥发分不黏结煤、弱黏结煤，低挥发分的无烟煤和焦炭等。

（四）水煤气发生炉及水煤气站流程

1. 水煤气发生炉

水煤气发生炉与混合煤气发生炉的构造基本相同，但在水煤气生产过程中，吹空气时压力高达 0.176 MPa，因而水煤气发生炉必须采用干法排渣。同时，水煤气生产中主要使用无黏结性的焦炭或无烟煤为原料，所以水煤气发生炉中没有搅拌装置。目前，国内较多采用 UGI 水煤气发生炉。发生炉炉壳由钢板焊成，上部衬有耐火砖和保温硅藻砖，使炉壳钢板免受高温的损害。下部外设夹套锅炉，主要是降低氧化层温度，防止熔渣粘壁并副产蒸汽。夹套锅炉两侧设有探火孔，用于测量火层，了解火层分布情况。

2. 水煤气站流程

在间歇生产水煤气的过程中，吹风气和水煤气带出的热量约为总热量的 30%。为了提高过程的热效率，应充分考虑这部分废热的回收。这是中国目前广泛使用的一种流程，它可使大部分的废热得以回收利用。

在下吹蒸汽阶段，蒸汽进入燃烧室顶部，经燃烧室预热后，进入发生炉顶部，自上而下通过料层。下行煤气温度较低，约 200 ~ 300 ℃，其显热不予回收，经洗气箱、洗涤塔入气柜。

三、两段式完全气化炉

从上述混合发生炉煤气生产原理中看出，炉内存在着煤的干馏层和气化层。虽然上述过程很难截然分开，但总的来说，干馏层都较薄，当煤加入发生炉中时很快进行干馏，并且由于气化层的热辐射影响，使干馏产物难免遭受一定程度的热裂解，所以，获得的焦油质量较重，在以后的净化过程中难以处理。

两段式完全气化炉（简称两段炉）使用含有大量挥发分的弱黏结性烟煤及褐煤来制取煤气，即把煤的干馏和气化在一个炉体内分段进行。两段炉具有比一般发生炉较长的干馏段，加入炉中的煤的加热速度比一般发生炉慢，干馏温度也较低，因而获得的焦油质量较轻，在净化过程中较易处理。根据两段炉的生产工艺，又可分为两段式煤气发生炉和两段式水煤气发生炉。

（一）两段式煤气发生炉

气化段（下段）和一般发生炉相同，包括水套、转动炉篦、湿式灰盘等。水套以上为干馏段（上段），其炉壁由钢板外壳内衬耐火砖构成，内部用格子砖在径向分成数格（一般分成四格），砌成十字拱形隔墙，隔墙中空，外壳衬砖有环状空间与此相通。较小直径的干馏段不设分隔墙。干馏段的上口小，下口略大，以防搭桥悬料。当使用微黏结煤时，下段产生的煤气经环状通道将热量通过隔墙传给干馏段，以防止煤粘在壁上。

两段式发生炉仍用空气和水蒸气为气化剂。下段产生的发生炉煤气一部分由位于气化炉上部的下段煤气出口引出，称为"下段煤气"，温度约500 ～ 600℃。另一部分煤气则自下而上进行干馏段煤层，利用其显热对煤进行干馏。煤气由上段煤气出口排出，称为"上段煤气"，其出口温度约为100 ～ 150℃。由于干馏过程的温度较低，所以上段煤气中所含的焦油为轻质焦油。经静电除焦油器，焦油即可由煤气中分离出来。上下段煤气混合后，煤气高热值约为 6.0 ～ 7.5 MJ/m^3。

（二）两段式水煤气发生炉

该炉型是在现有水煤气炉上部增设干馏段。原料煤在干馏段进行低温干馏，生成的半焦落入气化段，再用空气、水蒸气间歇通入制取水煤气。煤在干馏段受鼓风气、下吹制气用的过热蒸汽的间接加热和上吹制气的水煤气直接加热，使原料煤的终温达500 ～ 550生成半焦。每 1 t 煤可得 1 500 ～ 1 600 m^3 热值约为 12.55 MJ/m^3 的煤气。当煤气用重油增热后，其热值可适合城市煤气需要。煤气中 CO 含量高，需要变换。

1.气化炉构造

两段式水煤气发生炉和两段式煤气发生炉相似。它包括加料装置、干馏段、气化段、回转炉篦及排灰装置。以 ϕ 3 250 的气化炉为例，干馏段上部直径为 2 850 mm，下部直径为 3 250 mm，以利于原料煤顺利下降。干馏段在铁壳内由耐火材料砌成，内设 3 ～ 5 个隔墙，外墙和隔墙均有垂直通气道，以确保鼓风气与下吹制气用的过热蒸汽流通，向原料煤供热。这不但可以有效地利用热能，而且可以保持墙温不低于 700 ~ 800℃，为使用若干膨胀性煤创造条件，使塑性减弱而产生收缩，有利于煤层的顺利下降。

2. 主要技术指标

煤气热值 =12.55 MJ/m³；煤气产率：1 500 ~ 1 600 m³/t 煤；空气耗量：3 400 ~ 4 000 m³/t 煤；蒸汽耗量：1.0 ~ 1.2 t/t 煤。

3. 对原料煤的要求

不黏结或弱黏结性的烟煤或热稳定性好的褐煤均可气化，以 20 ~ 40 mm 或 30 ~ 60 mm 的中块为宜，粉煤量超过 10% 则气化强度将明显受到影响。

自由膨胀指数（FSI）应小于 2.0，当达到 2.5 时，煤样必须在实验室试验。

最高允许灰分的含量为 40% ~ 50%，灰熔点要求 $T_1 > 1 150℃$；最高允许水分的含量为 30% ~ 50%，超过此值，必须予以干燥脱水，否则干馏段吸热太大，无法正常生产。

四、加压气化原理与工艺

常压固定（移动）床气化炉生产的煤气热值低，煤气中一氧化碳含量高，气化强度低，生产能力有限，煤气不宜远距离输送，同时不能满足城市煤气的质量要求。为解决上述问题，人们研究发展了加压气化技术。

（一）加压固定床气化炉生产工况

加压固定床气化炉与常压气化炉类似。原料煤由上而下，气化剂由下向上，逆流接触，逐渐完成煤炭由固态向气态的转化。炉内的料层可根据各区域的特征及主要作用，依次分为干燥层、干馏层、甲烷层、第二反应层、第一反应层和灰渣层。

气化压力是一个重要的操作参数，它对煤气化过程及其煤气组成、热值、产率和消耗都有显著影响。

（二）过程原理及其影响因素

随着气化压力的增加，粗煤气中甲烷和二氧化碳含量增加，氢气和一氧化碳含量减少。当然，煤气中二氧化碳洗去后，其热值也将随气化压力提高而增加。

两反应均是反应后气体体积增加的吸热反应。降低压力和升高温度都有利于二氧化碳的还原和水蒸气的分解。在同一压力下，温度越高，一氧化碳的平衡浓度越高。在相同温度下，压力越高，一氧化碳平衡浓度降低，因而加压下气化产生的粗煤气中二氧化碳含量高于常压气化，而一氧化碳含量低于常压气化。

从不同温度下水蒸气分解反应的总速率与压力的关系可见，在试验的所有压力下，随着温度升高，反应速率都是增加的。而在同一温度下，随着压力增加，而反应速率下降，即加压不利于水蒸气分解反应。因加压下甲烷生成反应需耗氢，而水蒸气分解生成的氢又是甲烷生成反应中氢的重要来源，由此导致随着气化压力提高，煤气中氢含量减少。

1. 压力对氧气耗量的影响

在气化过程中，甲烷生成反应为放热反应，这些反应热可为水蒸气分解、二氧化碳还原等吸热反应提供热源。因此，甲烷生成放热的反应即成为气化炉内除碳燃烧反应以外的第二热源，从而减少了碳燃烧反应中氧的消耗。故随气化反应压力提高，氧气的消耗量减少。例如，生产的煤气热值一定时，在 1.96 MPa 下消耗的氧气仅为常压下气化时耗氧量的 1/3 ~ 1/2。

2. 压力对蒸汽消耗量的影响

前已述及，加压使生成的甲烷量增加，生成甲烷所消耗的氢气量亦增加，水蒸气分解生成的氢气是甲烷生成反应中氢的重要来源。但加压不利于水蒸气分解反应进行。在加压下水蒸气分解率下降。为解决这一矛盾，只有增加水蒸气用量，通过提高水蒸气浓度，使生成物氢气的绝对量增加，以满足甲烷生成反应的需要。这样就导致加压气化的水蒸气耗量比常压下气化大幅度上升，而且在实际操作中，还需用蒸汽量来控制炉温，以有利于甲烷生成反应进行。故总的蒸汽耗量在加压时约比常压下高 2.5 ~ 3 倍。水蒸气分解率在常压下约为 65%，而在压力为 1.96 MPa 时下降为 36%。可见，当提高气化压力时，水蒸气消耗量增加，水蒸气分解率降低，这是固态排渣加压气化炉生产上的一大缺陷。

3. 压力对气化炉生产能力的影响

提高鼓风速度是强化生产的一项措施。但鼓风速度的提高往往受到料层阻力和带出物数量的限制。但在加压下操作时，该情况可明显改善，从而使气化强度得以提高。

在常压气化炉和加压气化炉中，假定带出物的数量相等，则出炉煤气动压头相等，可近似得出，加压气化炉与常压气化炉生产能力之比为：

$$\frac{qv_2}{qv_1} = \sqrt{\frac{T_1 p_2}{T_2 p_1}} \quad (5-4)$$

对于常压气化炉，p_1 通常略高于大气压，$p_1 \approx 0.1078\text{MPa}$；常压气化炉和加压气化炉的气化温度之比 $T_1 / T_2 \approx 1.1 \sim 1.25$。故：

$$\frac{qv_2}{qv_1} = 3.19 \sim 3.41\sqrt{p_2}$$

即生产能力均以煤气在标准状态下的体积流量表示时，加压气化将比常压气化高 $3.19 \sim 3.41\sqrt{p_2}$ 倍，此时压力单位为MPa。如气化压力为 2.5 ~ 3 MPa 的鲁奇加压气化炉，其生产能力将比常压下高 5 ~ 6 倍。

另一方面，加压下气体密度大，因而气化反应的速率加快，有助于生产能力的提高。而且在料层高度相同的条件下，加压下气化的气固相接触时间比常压气化增加大约 5 ~ 6 倍，因而使气化反应进行得较充分，碳的转化率较高。

4. 压力对煤气产率的影响

气化压力的提高，使得甲烷的生产量增加，气体的总体积减小，与常压气化相比，加压气化时煤气产率较低。随着气化压力的提高，煤气产率呈现下降趋势，且净煤气产率的下降幅度比粗煤气更大。因为加压气化所生产的粗煤气中，含有大量二氧化碳，一旦净化脱除，则净煤气的体积大为减少。

5. 加压气化对煤气输送动力消耗的影响

加压气化可以大大节省煤气输送的动力消耗。因为煤气化所产生的煤气的体积一般都比气化介质的体积更大。据计算，在 2.94 MPa 压力下用氧—水蒸气混合物作为气化剂时，所需压缩的氧气约占所制得煤气体积的 14% ~ 15%，这比常压造气产生的煤气高 2.94 MPa，几乎可节省动力 2/3。

加压下气化生产的煤气所具有的压力可被利用于远距离输送（或用于化工合成），在 1.96 MPa 压力下气化时，中间不用再设加压站便可将煤气输送到 150 km 左右以外的地区。因此，一些煤气生产厂可设在矿区附近，从而减少煤的运输费用。

（三）固定床加压气化炉及工艺流程

1. 加压气化炉

以鲁奇炉为典型的固定床加压气化炉自 20 世纪 30 年代在德国发明以来，经历了 70 多年的发展，出现了几种改进的炉型。由开始仅以褐煤为原料，炉径 D_g 为 2 600 mm，采用边置灰斗和平型炉尊，发展到能使用气化弱黏结性烟煤，采用了搅拌装置和转动布煤器，炉算改为塔节型，灰箱设置在炉底正中的位置，回收的煤粉和焦油返回气化炉内进行裂解和气化。气化炉直径发展到 3 800 mm 甚至 5 000 mm。最大单炉生产能力达 75 000 ~ 100 000 m³/h。

2. 工艺流程

早期的加压制气工艺中，常采用无废热回收的制气工艺，该过程热效率很低。近年来，注意了余热利用，尤其在采用大型加压气化炉生产时，煤气带出的显热量较大，故有回收的价值。

原煤经破碎筛分后，粒度为 4 ~ 50 mm 的煤加入上部的储煤斗，由加料溜槽通过圆筒阀门定期加入煤箱（有效容积 4 m³）。煤箱中的煤通过下阀不断加入炉内。原煤与气化剂反应后，含有残碳的灰渣经转动炉算借刮刀连续排入灰箱，灰箱中的灰渣定期排入灰斗，全部操作均通过液压程序系统自动进行（也可切换为半自动或手动）。系统生产的粗煤气由气化炉上侧方引出，出口温度视不同原料约为 350 ~ 600 经喷冷器喷淋冷却，除去煤气中的焦油及煤尘，再经废热锅炉回收热量后，按不同的情况经过洗涤和变换工艺。

五、加压液态排渣气化炉

（一）基本原理

从上述加压固定床气化技术可知，为控制炉温，需通入过量的水蒸气，因而水蒸气分解率低，废水处理量大。由于炉温控制较低，反应不够完全，灰渣中残碳含量较高，气化能力受到限制。此外，固态排渣需借助于机械转动炉算，使得气化炉的结构复杂，维修费用高。为了克服这些不足，开发了加压液态排渣气化炉。

液态排渣气化炉的基本原理是仅向气化炉内通入适量的水蒸气，控制炉温在灰熔点以上，使灰渣呈熔融状态自炉内排出。由于消除了为防止气化炉内结渣对炉温的限制，可使气化层的温度有较大提高，从而大大加快了气化反应速率，提高了设备的生产能力，产物粗煤气中冷凝下来需要处理的液体量较少，灰渣中基本上无残碳，几乎所有的碳都得到了利用。

（二）液态排渣气化炉概况及其结构

1.液态排渣气化炉

气化炉的加料装置及炉体上部结构与固态排渣加压气化炉相似，其主要特点是灰渣呈熔融状态排出，故炉子下部和排灰机构的结构较特殊。它取消了固态排渣的转动炉算，提高了操作温度。根据不同的原料特性，操作温度一般在 1 100 ~ 1 500℃，操作压力为 2.35 ~ 3.04 MPa。

一定块度的煤由炉顶经煤箱通过布煤器均匀加入气化炉内，布煤器和搅拌器的工作性能与固态排渣加压气化炉相似。由于炉渣呈熔融状态，在炉子下部设有熔渣池。在熔渣池上方有 8 个沿径向均布安装并稍向下倾斜的喷嘴。气化剂及部分煤粉和焦油由喷嘴送入炉内，并汇集在熔渣池中心管的排渣口上部，使该区域的温度达 1 500℃左右，保证熔渣呈流动状态。在渣箱的上部增设一液渣急冷箱，箱内容积的 70% 左右充满水。从排渣口落下的液渣，在此淬冷而形成渣粒。当渣粒在急冷箱内积聚到一定高度后，卸入渣箱内，然后定期排出。

为防止回火，气化剂在喷嘴出口的气流速度应大于 100 m/s。欲降低运行负荷时，可借关闭气化喷嘴的数量进行调节。因此，它比普通气化炉具有较大的调整负荷的能力。

炉体为钢制外壳，内砌耐火砖，再衬以碳化硅耐高温材料。喷嘴外部有水冷套；排渣口材质为硝基硅酸盐或碳化硅，以抵抗高温熔渣的侵蚀。为保证排渣的畅通，排渣口大小的设计与熔渣流量和黏度—温度特性有关。

2.加压液态排渣气化炉的优缺点

加压液态排渣气化炉强化了生产，对煤气化的指标有明显的改善，其优点主要有以下几点：

（1）气化炉的生产能力提高 3 ~ 4 倍。

（2）煤气中的带出物大为减少，灰渣中的碳含量在 2% 以下；煤气出口温度也低，主要由于离开高温区的未分解水蒸气量减少，炉中煤的干燥与干馏主要是利用反应气体的显热；气化过程的热效率约由普通气化炉的 70% 提高到 76% 左右。

（3）煤气中的 CO+H2 组分提高 25% 左右，煤气的热值也相应提高。

（4）水蒸气分解率高，后系统的冷凝液大为减少。

（5）降低了煤耗。

（6）改善了环境污染，污水处理量仅为固态排渣气化时的 1/4 ~ 1/3。生成的焦油可经风口回炉造气。液态灰渣经淬冷后成为洁净的黑色玻璃状颗粒，由于它的玻璃特性，化学活性极小，不存在环境污染问题。

主要存在的问题如下：

①对炉衬材料在高温、高压下的耐磨、耐腐蚀性能要求高。

②熔渣池的结构和材质是液态排渣炉的技术关键，尚需进一步研究。

（三）鲁尔 –100 加压气化炉概况

由加压气化原理可知，气化压力增加，有利于甲烷化反应，使产物煤气中甲烷含量增加，净煤气热值提高。同时，气化压力增高可使气化炉生产能力随气化压力成 $\sqrt{p}$ 倍增大。鲁尔煤气公司、鲁尔煤炭公司和斯梯格（Steag）公司于 1976 年制定了联合开发高压气化炉（鲁尔 –100）的计划。

气化炉内径 1.5 m，设计最大操作压力为 10 MPa，最大生产能力 7t 煤 /h。气化炉上部设置两个煤箱。当一个煤箱被煤加满前，内部的煤气压力被泄放，泄放的煤气再压缩后送往另一个煤箱去。

鲁尔 –100 气化炉自 1979 年 9 月投试至 1983 年 8 月止约计运行了 6 000 h，气化原煤约 2 300t 试运转期间，达到了预期的各项重要指标。特别应当指出的是以下两项试验结果。

①运行压力由 2.5 MPa 提高到 9.0 MPa 以上时，粗煤气中的甲烷含量由 9% 增加到 16% 以上。与一般的固定床压力气化炉相比，气化强度可提高一倍多。

②降低粗煤气的气流速度能减少气化炉的煤尘带出量，从而可以使用

细颗粒含量高的煤进行气化。

第三节 流化床气化技术

自固体流态化技术发展以后，温克勒（F.Winkler）首先将流态化技术应用于小颗粒煤的气化，开发了流化床（或称沸腾床）气化技术。由于流化床气化采用的原料煤颗粒较细（0 ~ 10 mm），气化剂流速很高，炉内煤料处于剧烈的搅动和不断返混的流化状态，炉床内温度均匀，气固相接触良好，有利于气固反应速率的提高。流化床气化技术自 1926 年开发以来得到了迅速发展和不断提高。

一、常压流化床气化原理

流化床气化采用 0 ~ 10 mm 的小颗粒煤作为气化原料。气化剂同时作为流化介质，通过气化炉内的气体分布板（炉算）自下而上经过床层。根据所用原料的粒度分布和性质，控制气化剂的流速，使床内的原料煤全部处于流化状态，在剧烈的搅动和返混中，煤粒的气化剂充分接触，同时进行着化学反应和热量传递。利用碳燃烧放出的热量，提供给煤粒进行干燥、干馏和气化。生成的煤气在离开流化床床层时，夹带着大量细小颗粒（包括 70% 的灰粒和部分未完全气化的炭粒）由炉顶离开气化炉。部分密度较重的渣粒由炉底排灰机构排出。

二、常压流化床（温克勒炉）气化工艺

温克勒气化工艺是最早的以褐煤为原料的常压流化床气化工艺，在德国的莱纳（Leuna）建成第一台工业炉。以后在气化炉及废热锅炉的设计上进行了不断的开发和改进，但其基本原理没有变化。

（一）温克勒气化炉

它在结构和功能上可分为两大部分：下部的圆锥部分为流化床，上部的圆筒部分为悬浮床，其高度约为下部流化床高度的 6 ~ 10 倍。将 0 ~ 10 mm 的原料煤由螺旋加料器加入圆锥部分的腰部。一般沿筒体的圆周设置两个或三个进口，互成 180° 或 120°。

温克勒炉采用的炉算安装在圆锥体部分，炉算直径比上部炉膛的圆柱

形部分的直径小，鼓风气流沿垂直于炉算的平面进入炉内。这样的结构为床层中的颗粒进行正规和均匀的循环创造了良好条件。当灰渣直接落在炉算平面上时，虽可借刮灰板将灰刮去，但难以彻底清除。灰渣在炉尊上的堆积，往往会引起结渣现象，因而限制了炉温的提高，同时也不利于气化剂的均匀分布。

氧气（空气）和水蒸气作为气化剂自炉尊下部供入，或由不同高度的喷嘴环输入炉中。通过调整气化介质的流速和组成来控制流化床温度不超过灰分的软化点。富含灰分的较大粒子，由于其密度大于煤粒，均沉积在流化床底部，由螺旋排灰机排出。在温克勒炉中，30%左右的灰分由床底部排出，其余由气流从炉顶夹带而出。

为提高气化效率和适应气化活性较低的煤，在气化炉中部适当的高度引入二次气化剂，在接近于灰熔点的温度下操作，使气流中所带的炭粒得到充分气化。

废热锅炉安装在气化炉顶部附近，由沿内壁配置的水冷管组成。产品气由于废热锅炉的冷却作用，使熔融灰粒在此重新固化。

（二）温克勒气化工艺流程

1. 原料的预处理

原料预处理包括以下方面：

①原料经破碎和筛分制成 0 ~ 10 mm 级的入炉料，为了减少带出物，有时将 0.5 mm 以下的细粒筛去，不加入炉内。

②烟道气余热干燥，控制入炉原料水分在 8% ~ 12% 左右。经过干燥的原料，可使加料时不致发生困难，同时可提高气化效率，降低氧气消耗。

③对于有黏结性的煤料，需经破黏处理，以保证床层内正常的流化工况。

2. 气化

经预处理后的原料进入料斗，料斗中充以氮或二氧化碳气体，用螺旋加料器将原料送入炉内。一般蒸气–空气（或氧气）气化剂的 60% ~ 70% 由炉底经炉算送入炉内，调节流速，使料层全部流化，其余的 30% ~ 40% 作为二次气化剂由炉筒中部送入。生成的煤气由气化炉顶部引出，粗煤气中含有大量的粉尘和水蒸气。

3. 粗煤气的显热回收

粗煤气的出炉温度一般在 900℃左右，且含有大量粉尘，这给煤气的显热利用增加了困难。一般采用辐射式废热锅炉，生产压力为 1.96 ~ 2.16 MPa 的水蒸气，蒸汽产量为 0.5 ~ 0.8 kg/m³ 干煤气。

由于煤气含尘量大，对锅炉炉管的磨损严重，应定期保养和维修。

4. 煤气的除尘和冷却

粗煤气经废热锅炉回收热量后，经两级旋风除尘器及洗涤塔，可除去煤气中大部分粉尘和水汽，使煤气的含尘量降至 5 ~ 20 mg/m³，煤气温度降至 35 ~ 40℃。

（三）温克勒气化工艺条件及气化指标

1. 气化工艺条件

（1）操作温度。实际操作温度的选定，取决于原料的活性和灰熔点，一般为 900℃左右。

（2）操作压力。约为 0.098 MPa。

（3）原料。粒度为 0 ~ 10 mm 的褐煤、不黏煤、弱黏煤和长焰煤等均可使用，但要求具有较高的反应性。使用具有黏结性的煤时，由于在富灰的流化床内，新鲜煤料被迅速分散和稀释，故使用弱黏煤时一般不致造成床层中的黏结问题。但黏结性稍强的煤有时也需要进行预氧化破黏。由于流化床气化时床层温度较低，碳浓度也较低，故不适宜使用低活性、低灰熔点煤料。

（4）二次气化剂用量及组成。引入气化炉身中部的二次气化剂用量和组成须与被带出的未反应碳量成适当比例。如二次气化剂过少，则未反应碳得不到充分气化而被带出，造成气化效率下降；反之，二次气化剂过多，则产品气将被不必要地烧掉。

2. 气化指标

（1）流化床（温克勒）气化工艺的主要优点。

①单炉生产能力大。当炉径为 5.5 m，以褐煤为原料，蒸汽 - 氧气常压鼓风时，单炉生产能力为 60 000 m³/h；蒸汽 - 空气常压鼓风时，单炉生产能力为 100 000 m³/h，均大大高于常压固定床气化炉的产气量。

②气化炉结构较简单。如炉尊不进行转动，甚至改进的温克勒炉不设

炉算，因此操作维修费用较低。每年该项费用只占设备总投资的 1% ~ 2%，炉子使用寿命较长。

③可气化细颗粒煤（0 ~ 10 mm）。随着采煤机械化程度的提高，原煤中细粒度煤的比例亦随之增加，现在，一般原煤中小于 10 mm 的细粒度煤要占 40% 甚至更多。流化床气化时可充分利用机械化采煤得到小于 10 mm 的细粒度煤，可适当简化原煤的预处理。

④出炉煤气基本上不含焦油。由于煤的干馏和气化在相同温度下进行，相对于移动床干馏区来说，其干馏温度高得多，故煤气中几乎不存在焦油，酚和甲烷含量也很少，排放的洗涤水对环境污染影响较小。

⑤运行可靠，开停车容易。负荷变动范围较大，可在正常负荷的 30% ~ 150% 范围内波动，而不影响气化效率。

（2）流化床（温克勒）气化工艺的主要缺点

①气化温度低。为防止细粒煤中灰分在高温床中软化和结渣，以致破坏气化剂在床层截面上的均匀分布，流化床气化时的操作温度应控制在 900℃左右，所以必须使用活性高的煤为原料，因此对进一步提高煤气产量和碳转化率起了限制作用。

②气化炉设备庞大。由于流化床上部固体物料处于悬浮状态，物料运动空间比固定床气化炉中燃料层和上部空间所占的总空间大得多，故流化床气化时以容积计的气化强度比固定床时要小得多。

③热损失大。由于炉床内温度分布均匀，出炉煤气温度几乎与炉床温度一致，故带走热量较多，热损失较大。

④带出物损失较多。由于使用细颗粒煤为原料，气流速度又较高，颗粒在流化床中磨损使细粉增加，故出炉煤气中带出物较多。

⑤粗煤气质量较差。由于气化温度较低，不利于二氧化碳还原和水蒸气分解反应，故煤气中 CO_2 含量偏高，可燃组分含量（如 CO、H_2、CH_4 等）偏低，因此为净化压缩煤气耗能较多。

温克勒气化工艺的缺点，主要是由于操作温度和压力偏低造成的。为克服上述存在的缺点，需提高操作温度和压力。为此，发展了高温温克勒法（HTW）气化工艺和流化床灰团聚气化工艺，如 U-Gas 气化法。

三、高温温克勒（HTW）气化法

（一）基本原理

1. 温度的影响

已知提高气化反应温度有利于二氧化碳还原和水蒸气分解反应，可以提高气化煤气中一氧化碳和氢气的浓度，并可提高碳转化率和煤气产量。要提高反应温度，同时要防止灰分严重结渣而影响过程的正常进行。在原料煤中可添加石灰石、石灰或白云石来提高煤的软化点和熔点。但这只有在煤中灰分具有一定碱性时才合适，否则添加上述石灰石等不仅不能提高灰分的软化点和熔点，甚至会产生相反的效果。

2. 压力的影响

采用加压流化床气化可改善流化质量，消除一系列常压流化床所存在的缺陷。采用加压，增加了反应器中反应气体的浓度，减小了在相同流量下的气流速度，增加了气体与原料颗粒间的接触时间。在提高生产能力的同时，可减少原料的带出损失。在同样生产能力下，可减小气化炉和系统中各设备的尺寸。

①对床层膨胀度的影响。当气流的质量流量不变时，随着压力的提高，床层膨胀度急剧下降，为使膨胀度达到保证正常流化所需的值，则需提高气体的线速度，即增加鼓风量。研究发现，膨胀度相同的流化床在常压和加压下的运行状态有明显差别。在负荷、粒度组成、膨胀度均相同的条件下，加压下流化床可得到较均匀的床层，气泡含量很少，颗粒的往复运动均匀，并具有相当明显的上部界限。所以，加压流化床的工作状态比常压下稳定。

②对带出物带出条件的影响。随着流化床反应器中压力的提高，气流密度增大，气流速度减小，床层结构改善，这些都为减少气流从床层中带出粉末创造了有利条件。即不仅带出量减少，而且带出物的颗粒尺寸也减小了。所以，当床层膨胀度不变时，压力升高，将使带出量大大减少。

③加压流化床与常压流化床相比，可使气化炉的生产能力有很大的提高。试验证明，使用水分为 24.5%，粒度为 1 ~ 1.6 mm 的褐煤为原料，在表压分别为 0.049 MPa 和 1.96 MPa 下，当用水蒸气 – 空气气化时，气化强度可由 930 kg/（$m^2 \cdot h$）增加到 2 650 kg/（$m^2 \cdot h$）；当用水蒸气 – 氧气气

化时，气化强度可由 1 050 kg/（m²·h）增加到 3 260 kg/（m²·h）。在床层膨胀度和气化剂组成相同的条件下，气化强度随压力增加而增加，约与两种压力的比值的平方根成正比，这与移动床气化时的规律相同。

④压力提高，有利于甲烷的生成，使煤气热值得到相应提高。甲烷生成伴随着热的释放，相应降低了气化过程中的氧耗。

（二）高温温克勒（HTW）气化工艺

高温温克勒气化工艺是在温克勒炉的基础上，提高气化温度和气化压力而开发的一项新工艺。

1. 工艺流程

含水分 8% ~ 12% 的干褐煤输入充压至 0.98 MPa 的密闭料锁系统后，经螺旋加料器加入气化炉内。白云石、石灰石或石灰也经螺旋加料器输入炉中。煤与白云石类添加物在炉内与经过预热的气化剂（氧气/蒸汽或空气/蒸汽）发生气化反应。携带细煤粉的粗煤气由气化炉逸出，在第一旋风分离器中分离出来的较粗的煤粉循环返回气化炉。粗煤气再进入第二旋风分离器，在此分离出细煤灰并通过密闭的灰锁系统将灰排出。除去煤尘的煤气经废热锅炉生产水蒸气以回收余热，然后进入水洗塔使煤气最终冷却和除尘。

褐煤水分超过 8% ~ 12% 时，需经预干燥，使煤中水分含量不大于10%。

2. 试验结果

用莱茵褐煤为原料，煤的灰分中 $w(CaO)+w(MgO)$ 占 50%；s（SiO_2）占 8%；灰熔点 T_1 为 950℃，添加 5% 石灰石后提高为 1 100 以氧气–蒸汽为气化剂，在气化压力为 0.98 MPa，气化温度为 1 000℃ 的条件下进行高温温克勒（HTW）气化试验。

高温温克勒工艺在加压下气化，大大提高了气化炉的生产能力。气化压力提高至 0.98 MPa，气化强度达 5 000 m³（CO+H₂）/（m²·h），是常压温克勒炉的两倍多。由于提高气化反应温度和使煤气中夹带的煤粉经分离后返回气化炉使用，碳转化率上升为 96%。煤中添加 CaO 后，不但可脱除煤气中的 H₂S 等，并可使含碱性灰分的煤灰熔点有所提高。当气化反应温度提高后，虽然煤气中的甲烷含量有所降低，但煤气中的有效成分增加，总之，提高了煤气的质量。

四、灰团聚气化法

灰团聚气化法是一种细粒煤流化床气化技术。其特点是灰渣的形成和排渣方式是团聚排渣。与传统的固态和液态方式不同，它是在流化床中导入氧化性高速射流，使煤中的灰分在软化而未熔融的状态下，在一个锥形床中相互熔聚而黏结成含碳量较低的球状灰渣，有选择性地排出炉外。与固态排渣相比，降低了灰渣中的碳损失；与液态排渣法相比，减少了灰渣带走的显热损失，从而提高了气化过程的碳利用率，是煤气化排渣技术的重大发展。目前采用该技术，并处于由中试装置向示范厂发展的气化工艺有 U-Gas 气化工艺和 KRW 气化工艺。

（一）U-Gas 气化法

U-Gas 气化工艺是美国煤气工艺研究所（I.G.T）在研究了煤灰团聚过程的基础上开发的流化床灰团聚煤气化工艺。于 1974 年建立了炉径为 0.9 m 的 U-Gas 气化炉，在该装置上做了系统的开发工作，使用了世界各地多种煤样约 3 600 t。长期试验结果表明，该工艺基本上可达到原定的三个主要目标：①可利用各种煤有效地生产煤气；②煤中的碳高效转化成煤气而不产生焦油和油类；③减少对环境的污染。

中国科学院山西煤化所对灰团聚气化过程也在进行开发研究，并取得了可喜的进展。

1.U-Gas 气化炉

U-Gas 气化炉是加压单段流化床气化炉，炉算呈倒锥格栅型。在气化炉内，共完成四个重要功能：煤的破黏、脱挥发分、气化及灰的熔聚，并使团聚的灰渣从半焦中分离出来。

2.U-Gas 气化工艺流程

首先将原料煤破碎至 6 mm 以下，然后将 0 ~ 6 mm 级的煤料进行干燥，直到能满足输送的要求。通过闭锁料斗，用气动装置将煤料喷入气化炉内；或用螺旋加料器与气动阀控制进料相结合的方式，将煤料均匀、稳定地加入气化炉内。在流化床中，煤与水蒸气及氧气（或空气）在 950 ~ 1100℃下进行反应。操作压力视煤气的最终用途而定，可在 0.14 ~ 2.41 MPa 范围内变动，煤很快被气化成煤气。煤气化过程中，灰分被团聚成球形粒子，从床层中分离出来。

气化剂一部分自下而上流经炉箅，创造流化条件；另一部分气化剂则通过炉子底部中心文氏管高速向上流动，经过倒锥体顶端孔口，进入锥体内的灰熔聚区域，使该区域的温度高于周围流化床的温度，接近煤的灰熔点。在此温度下，含灰分较多的粒子互相黏结、逐渐长大、增重，直至能克服从锥顶逆向而来的气流阻力时，即从床层中分离出来，排到充满水的灰斗中，呈粒状排出。床层上部空间的作用是裂解在床层内产生的焦油和轻油。

从气化炉逸出的煤气在炉顶排出时温度为 930～1 040 ℃，其中携带的煤粉由三级旋风分离器分离和收集。由一级旋风分离器收集的稍粗颗粒返回流化床内气化区；二级旋风分离器收集的细颗粒则返回灰熔聚区，在该区内被气化，而后与床层中的灰一起熔聚，最终以团聚的灰球形式排出；三级旋风分离器收集的细粉经锁斗系统直接外排。经除尘后的煤气进入废热锅炉回收余热后进一步冷却、净化。粗煤气实际上不含焦油和油类，因而有利于热量回收和净化过程。

3.U–Gas 气化工艺的特点

（1）灰分熔聚及分离

U–Gas 气化工艺的主要特点是流化床中灰渣与半焦的选择性分离，即煤中的碳被气化，同时灰被熔聚成球形颗粒，并从床层中分离出来。

气化所形成的含灰较多的颗粒表面熔化和团聚成球形颗粒，并从床层中分离出来。

灰粒的表面熔化或熔聚成球是一个复杂的物理化学过程。为使在气化过程中实现灰的熔聚和分离，气化炉中灰熔聚区域的几何形状、结构尺寸及相应的操作条件都起着重要的作用。它包括：文丘里管（颈部）内的气速、流经文丘里管和流经炉箅的氧气量与水蒸气量的比例，熔聚区的温度以及带出细粉的循环量等因素。

①文丘里管内的气流速度。文丘里管内的气速及气化剂中的汽氧比极为重要，它直接关系到床层高温区的形成。文丘里管颈部的气速控制着灰球在床层中的停留时间，相应地决定了灰球中的含碳量。当灰球中的含碳量在

允许范围以内时，停留时间越短越好，以免由于停留时间过长，床层中灰含量过高，导致结渣现象的发生。

②熔聚区的温度。熔聚区的温度是灰团聚成球的最重要的影响因素。它由煤和灰的性质所决定，必须控制在灰不熔化而又能团聚成球的程度。实验发现，此温度常比煤的灰熔点（T_1）低 100～200℃，与灰分中铁的含量有关。有的理论认为，煤中灰分的团聚是依靠灰粒外部生成黏度适宜的一定量的液相将灰粒表面润湿，在灰粒相互接触时，由于表面张力的作用，灰粒发生重排、熔融、沉积以及灰粒中晶粒长大。而黏度适宜的一定数量的液相只有在合适的温度下才能产生。温度过低，灰粒外表面难以生成液相，或生成的液相量太少，灰分不能团聚；温度过高，灰分熔化黏结成渣块，破坏了灰球的正常排出。一般通过文丘里管的气化剂的汽氧比比通过炉尊的气化剂的汽氧比低得多，这样才能形成灰熔聚所必需的高温区。

③带出细粉的再循环。U-Gas 气化工艺借助两个旋风分离器实现细粉循环并进一步气化，生成的细灰与床层中的熔聚灰一起形成灰球排出。

由于细粉直接返回床层和熔聚区，在返回过程中细粉的冷却和热量损失，气化反应的吸热，使得细粉的循环量对灰熔区的温度有一定的影响。故要选择好细粉返回床层的适宜位置，加强返回系统的保温，使其对灰熔区温度的影响变得较小，达到既提高煤的利用率，又保证熔聚成球的正常进行。

（2）对煤种有较广泛的适应性

U-Gas 气化工艺的主要优点在于它具有较广泛的煤种适应性和高的碳转化率。中试结果表明，粒度为。～6 mm 的煤料用作气化原料时，无需除去任何细粉。具有一定黏结性的煤，可不需经预氧化处理直接用于气化，并可使用含灰分较多的原煤作为气化原料。不过值得注意的是，该法在中国上海焦化有限公司的工业应用未获成功。

（二）KRW 气化法

KRW 气化法又名西渥法，是由美国 KRW（Kell Rust Westinghouse）能源系统公司开发的一种单级加压流化床气化工艺，属于第二代煤气化技术。气化炉内按其作用不同，可分成 4 段，自上而下依次为分离段、气化段、燃烧段和团灰分离段。

原料煤被破碎到 6 mm 以下，并干燥到水分约 5%，以便于气力输送。煤由储仓送到加压煤斗，用旋转给料阀送到输煤管，再以循环煤气或空气作气力输送，从中央喷流管喷入炉内。煤粉在喷射区附近发生急速脱除挥发分生成半焦，同时喷入的气化剂（水蒸气和氧或富氧空气的混合物）在喷口附近形成了一个射流高温燃烧区，周围床层为温度稍低的还原气化区。灰熔聚的原理和过程与 U–Gas 相同。熔聚灰团集中到分离区的环形灰道，循环冷煤气由环形灰道自下吹入，一方面使灰团冷却，热量仍带回炉内，另一方面根据大而致密的团灰与半焦最小流化速度的差别，团灰从流化床中分离出来，沉积于底部，用旋转卸料器连续排出。气化炉的自由膨胀区直径扩大，并有一定高度，以使被煤气夹带的大颗粒由于速度降低而返回气化段。与 U–Gas 工艺相仿，煤气出炉后经废热锅炉回收热量后，由旋风分离器把细粉焦回收返回氧化区。除尘后的煤气经冷却净化后供使用。

与 U–Gas 气化法相比，KRW 气化工艺有如下特点：

①适应广泛，气化黏结性煤时不须预处理。

②在炉底环形灰道用循环冷煤气来分离和冷却熔聚灰团，循环冷煤气吸收团灰显热带入炉内，降低了灰渣排出温度，因而热效率较高。

③用循环煤气兼作流化介质，可减少蒸汽耗量，但循环煤气用量较大。

④煤料由喷流管喷入氧化区，提高了热解和气化温度；循环细煤粉直接返回炉内氧化区，使细粉中碳完全反应后灰分很快熔聚，不致再带出。而U–Gas 炉中原料煤由侧面加到床层还原区。

第四节 气流床气化技术

一、气流床气化的基本原理和特点

（一）气流床气化基本原理

当气体流过固体床层时，进一步提高气体流速至超过某一数值，则床层不能再保持流化态，固体颗粒与气体质点流动类似被分散悬浮在气流中，被气流带出容器，此种形式称为气流床。

所谓气流床气化，一般是将气化剂（氧气和水蒸气）夹带着煤粉或煤浆，通过特殊喷嘴送入炉膛内。在高温辐射下，氧煤混合物瞬间着火、迅速燃烧，产生大量热量。火焰中心温度可高达 2 000℃左右，所有干馏产物均迅速分解，煤焦同时进行气化，生成含一氧化碳和氢气的煤气及熔渣。

气流床气化炉内的反应基本上与流化床内的反应类似。

在反应区内，由于煤粒悬浮在气流中，随着气流并流运动。煤粒在受热情况下进行快速干馏和热解，同时煤焦与气化剂进行着燃烧和气化反应，反应产物间同时存在着均相反应，煤粒之间被气流隔开。所以，基本上煤粒单独进行膨胀、软化、燃尽及形成熔渣等过程，而煤粒相互之间的影响较小。从而使原料煤的黏结性、机械强度、热稳定性对气化过程基本上不起作用。故气流床气化除对熔渣的黏度－温度特性有一定要求外，原则上可适用于所有煤种。

（二）气流床气化主要特征

1.气化温度高、气化强度大。气流床反应器中由于煤粒和气流的并流运动，煤料与气流接触时间很短，而且由于气流在反应器中的短暂停留，故要求气化过程在瞬间完成。为此，必须保持很高的反应温度（达 2 000 ℃左右）和使用煤粉（＜ 200 网目）作为原料，以纯氧和水蒸气为气化剂，所以气化强度很大。

2.煤种适应性强。气化时对原料煤除要注意熔渣的黏度－温度特性外，基本上可适用所有煤种。但褐煤不适于制成水煤浆加料。

当然挥发分含量较高、活性好的煤较易气化，完成反应所需要的空间小，反之，为完成气化反应所需的空间较大。

3.煤气中不含焦油。由于反应温度很高，炉床温度均一。煤中挥发分在高温下逸出后，迅速分解和燃烧生成二氧化碳和水蒸气，并放出热量。二氧化碳和水蒸气在高温下与脱挥发分后的残余炭反应生成一氧化碳和氢，因而制得的煤气中不含焦油，甲烷含量亦极少。

4.需设置较庞大的磨粉、余热回收、除尘等辅助装置。由于气流床气化时需用粉煤，要求粒度为 70% ～ 80% 通过 200 目筛，故需较庞大的制粉设备，耗电量大。此外，由于气流床是并流操作，制得的煤气与入炉的燃料之间不能产生热交换，故出口煤气温度很高。同时，因为气速很高，带走的飞灰很多，因此，为回收煤气中的显热和除去煤气中的灰尘需设置较庞大的余热回收和除尘装置。

二、Shell 煤气化工艺

Shell 煤气化工艺（Shell Coal Gasification Process）简称 SCGP，是由荷兰 Shell 国际石油公司开发的一种加压气流床粉煤气化技术。Shell 煤气化工艺由 20 世纪 70 年代初期开始开发至 90 年代投入工业化应用。1993 年采用 Shell 煤气化工艺的第一套大型工业化生产装置在荷兰布根伦市建成，用于整体煤气化燃气 – 蒸汽联合循环发电，发电量为 250 MW。设计采用单台气化炉和单台废热锅炉，气化规模为 2 000 t/d 煤。煤电转化总（净）效率大于 43%（低位发热量）。1998 年该装置正式投入商业化运行。

（一）Shell 煤气化工艺特点

Shell 煤气化工艺属加压气流床粉煤气化工艺，是以干燥粉进料，纯氧做气化剂，液态排渣。干煤粉由少量的氮气（或二氧化碳）吹入气化炉，对煤粉的粒度要求也比较灵活，一般不需要过分细磨，但需要经热风干燥，以免粉煤结团，尤其对含水量高的煤种更需要干燥。气化火焰中心温度随煤种不同约在 1 600 ~ 2 200 ℃之间，出炉煤气温度约为 1 400 ~ 1 700℃。产生的高温煤气夹带的细灰尚有一定的黏结性，所以出炉需与一部分冷却后的循环煤气混合，将其激冷到 900 ℃左右后再导入废热锅炉，产生高压过热蒸汽。干煤气中的有效成分 $CO+H_2$ 可高达 90% 以上，甲烷含量很低。煤中约有 83% 以上的热能转化为有效气，大约有 15% 的热能以高压蒸汽的形式回收。

加压气流床粉煤气化（Shell 炉）是 20 世纪末实现工业化的新型煤气化技术，是 21 世纪煤炭气化的主要发展途径之一。其主要工艺特点如下：

1. 由于采用干法粉煤进料及气流床气化，因而对煤种适应广，可使任何煤种完全转化。它能成功地处理高灰分、高水分和高硫煤种，能气化无烟煤、石油焦、烟煤及褐煤等各种煤焦。对煤的性质诸如活性、结焦性、水、硫、氧及灰分不敏感。

2. 能源利用率高。由于采用高温加压气化，因此其热效率很高，在典型的操作条件下，Shell 气化工艺的碳转化率高达 99%。合成气对原料煤的能源转化率为 80% ~ 83%。在加压下（3 MPa 以上），气化装置单位容积处理的煤量大，产生的气量多，采用了加压制气，大大降低了后续工序的压缩能耗。此外，还由于采用干法供料，也避免了湿法进料消耗在水汽化加热方面的能量损失。因此能源利用率也相对提高。

3. 设备单位产气能力高。由于是加压操作，所以设备单位容积产气能力提高。在同样的生产能力下，设备尺寸较小，结构紧凑，占地面积小，相对的建设投资也比较低。

4. 环境效益好。因为气化在高温下进行，且原料粒度很小，气化反应进行得极为充分，影响环境的副产物很少，因此干粉煤加压气流床工艺属于"洁净煤"工艺。Shell 煤气化工艺脱硫率可达 95% 以上，并产生出纯净的硫黄副产品，产品气的含尘量低于 2 mg/m3。气化产生的熔渣和飞灰是非活性的，不会对环境造成危害。工艺废水易于净化处理和循环使用，通过简单处理可实现达标排放。生产的洁净煤气能更好地满足合成气、工业锅炉和燃气透平的要求及环保要求。

（二）Shell 煤气化工艺流程

来自制粉系统的干燥粉煤由氮气或二氧化碳气经浓相输送至炉前煤粉储仓及煤锁斗，再经由加压氮气或二氧化碳加压将细煤粒由煤锁斗送入径向相对布置的气化烧嘴。气化所需氧气和水蒸气也送入烧嘴。通过控制加煤量，调节氧量和蒸汽量，使气化炉在 1 400 ~ 1 700℃范围内运行。气化炉操作压力为 2 ~ 4 MPa。在气化炉内煤中的灰分以熔渣的形式排出。绝大多数熔渣从炉底离开气化炉，用水激冷，再经破渣机进入渣锁系统，最终泄压排出系统。熔渣为一种惰性玻璃状物质。

出气化炉的粗煤气夹带着飞散的熔渣粒子被循环冷却煤气激冷，使熔渣固化而不致黏在冷却器壁上，然后再从煤气中脱除。合成气冷却器采用水管式废热锅炉，用来产生中压饱和蒸汽或过热蒸汽。粗煤气经省煤器进一步回收热量后进入陶瓷过滤器除去细粉尘（> 20mg/m^3）。部分煤气加压循环用于出炉煤气的激冷。粗煤气经脱除氯化物、氨、氰化物和硫（H$_2$S、COS），HCN 转化为 N$_2$ 或 NH$_3$，硫化物转化为单质硫。工艺过程中大部分水循环使用。废水在排放前需经生化处理。如果要将废水排放量减小到零，可用低位热将水蒸发。剩下的残渣只是无害的盐类。

（三）Shell 煤气化炉

Shell 煤气化装置的核心设备是气化炉。

Shell 煤气化炉采用膜式水冷壁形式。它主要由内桶和外桶两部分构成：包括膜式水冷壁、环形空间和高压容器外壳。膜式水冷壁向火侧敷有一层比较薄的耐火材料，一方面为了减少热损失；另一方面更主要是为了挂渣，充分利用渣层的隔热功能，以渣抗渣，以渣护炉壁，可以使气化炉热损失减少到最低，以提高气化炉的可操作性和气化效率。环形空间位于压力容器外壳和膜式水冷壁之间。设计环形空间的目的是容纳水、蒸汽的输入输出和集气管，另外，环形空间还有利于检查和维修。气化炉外壳为压力容器，一般小直径的气化炉用钙合金钢制造，其他用低铬钢制造。对于日产 1 000 t 合成氨的生产装置，气化炉壁设计温度一般为 350℃，设计压力为 3.3 MPa（气）。

气化炉内筒上部为燃烧室（或气化区），下部为熔渣激冷室。煤粉及氧气在燃烧室反应，温度为 1 700℃左右。Shell 气化炉由于采用了膜式水冷壁结构，内壁衬里设有水冷管，副产部分蒸汽，正常操作时壁内形成渣保护层，用以渣抗渣的方式保护气化炉衬里不受侵蚀，避免了由于高温、熔渣腐蚀及开停车产生应力对耐火材料的破坏而导致气化炉无法长周期运行。

由于不需要耐火砖绝热层，运行周期长，可单炉运行，不需备用炉，可靠性高。

三、GSP 粉煤气化法

德国黑水泵煤气厂从 1977 年开始开发了干法进料的加压粉煤气化方法，开始建立的中试装置处理量为 100 ～ 300 kg/h，后来达到 10 t/h。到 1983 年又建成了大型装置，大型装置的设计数据如下。

进入系统的煤经粉碎后在干燥器内用 700 ～ 800℃烟气干燥到水分为 10%，干燥后烟气 120℃，经过滤器后排空。干燥后的煤，在球磨机中磨碎到 80% 的煤小于 0.2 mm，送入粉煤储仓。

为了将煤粉加压到 4 MPa，交替使用加压密封煤锁，低压侧用球阀隔开。加料状况由流量装置检测。通过加压煤斗的交替使用，使计量加料器可连续供料，气流分布板在计量加料器的下部，在其上部形成松散的流化床。松动的粉煤以密相形式，由载气吹入输送管道中，并导入气化炉喷嘴。一个计量加料器可连接许多喷嘴。采用这种高密度褐煤粉的运行参数是：传送速度 3 ~ 8 m/s；粉状褐煤的负载密度 250 ~ 450 kg/m³；输送能力 800 ~ 1 200 kg/（cm² · h）。

这个输送系统的优点是采用了最小的损耗，最低的载气耗量和较小的管道截面积，输送气体可用自产煤气，工业氮或 CO_2 可根据煤气的用途而定。

粉煤和氧蒸汽进行火焰反应，停留时间为 3 ~ 10 s。火焰温度 1 800 ~ 2 000℃，

设计压力为 1 ~ 5 MPa，反应剂以轴向的平行方向通过喷嘴进入，热煤气和熔渣由下部出口导出。反应器壁上布满了排管，在排管中用冷却水进行冷却或可设计成锅炉系统。排管内压力通常比反应器高一些。这种结构已通过多年运行的考验。冷却排管移去热量占总输出量的 2% ~ 3%。

粗煤气同液态渣一起离开反应室后进入激冷室，用水激冷，液渣固化成为颗粒状。粗煤气进入激冷室的温度为 1 400 ~ 1 600℃，被冷却到 200℃，并被蒸汽饱和，同时除去渣粒和未气化的粉状燃料的残余物。

GSP 工艺已经经过多年大型装置的运行，业已证明可以气化高硫、高灰分和高盐煤。煤气中 CH_4 含量很低，可作合成气，气化过程简单，气化炉能力大。中试的试验表明，这一方法也可以气化硬煤和焦粉。此法具有 Shell 法和德士古法的优点，又避开了它们的缺点，目前受到中国有关企业的广泛重视，即将投入使用。

四、德士古（Texaco）气化法

德士古气化法是一种以水煤浆为进料的加压气流床气化工艺。它是在德士古重油气化工业装置的基础上发展起来的煤气化装置。目前，GE 公司收购了德士古，所以，德士古（Texaco）气化技术称为 GE 气化技术，但本书按照习惯，依然称为德士古（Texaco）气化。

（一）基本原理和气化炉型

德士古气化炉为一直立圆筒形钢制耐压容器，炉膛内壁衬以高质量的耐火材料，以防热渣和粗煤气的侵蚀。气化炉近似绝热容器，故热损失很少。气化炉由喷嘴、气化室、激冷室（或废热锅炉）组成。其中喷嘴为三通道，工艺氧走一、三通道，水煤浆走二通道，介于两股氧射流之间。

水煤浆通过喷嘴在高速氧气流作用下破碎、雾化喷入气化炉。氧气和雾状水煤浆在炉内受到耐火衬里的高温辐射作用，迅速经历着预热、水分蒸发、煤的干馏、挥发物的裂解燃烧以及碳的气化等一系列复杂的物理、化学过程。最后生成以一氧化碳、氢气、二氧化碳和水蒸气为主要成分的湿煤气及熔渣，一起并流而下，离开反应区，进入炉子底部急冷室水浴，熔渣经淬冷、固化后被截留在水中，落入渣罐，经排渣系统定时排放。煤气和所含饱和蒸汽进入煤气冷却净化系统。

（二）德士古气化工艺流程

1. 煤浆制备和输送

德士古气化工艺采用煤浆进料，比干式进料系统稳定、简单。

煤浆制备有多种方法，现国外较多采用一段湿法制水煤浆工艺，同时又有开路（不返料）和闭路（返料）研磨流程之分。前者是煤和水按一定比例一次通过磨机制得水煤浆，同时满足粒度和浓度的要求；后者是煤经研磨得到水煤浆，再经湿筛分级，分离出的大颗粒再返回磨机。

一段湿法制浆工艺具有流程简单，设备少，能耗低，无需二次脱水等优点（尤其是开路流程）。当使用同样物料研磨到相同细度时，湿法比干法可节省动力约30%。所谓干法，即不用湿磨，而是将原煤用干磨研磨成所要求的筛分组成的煤粉，再按比例加入水和添加剂混合制成水煤浆。

2. 气化和废热回收

气化炉是气化过程的核心。在气化炉结构中，喷嘴是关键设备。喷嘴结构直接影响到雾化性能，并进一步影响气化效率，还会影响耐火材料的使用寿命。喷嘴的良好设计可把能量从雾化介质中转移到煤浆中去，为氧气和煤浆的良好混合提供有利条件。要求喷嘴能以较少的雾化剂和较少的能量实现雾化，并具有结构简单、加工方便、使用寿命长等性能。据报道，一个设计良好的喷嘴，能使碳转化率从94%提高到99%。

喷嘴按物料混合方式不同，可分为内混式或外混式；按物料导管的数量不同，可分为双套管式和三套管式等。

国外使用的喷嘴结构基本上是三套管式，中心管导入15%氧气，内环隙导入煤浆，外环隙导入85%氧气，并根据煤浆的性质可调节两股氧气的比例，以促使氧、碳反应完全。

水煤浆气化炉对向火面耐火材料的要求很高。因该处除承受热力腐蚀、机械磨蚀外，还将遭受灰渣的物理、化学等腐蚀作用。影响耐火材料性质的主要因素有温度、煤灰性质、熔渣流速及热态机械应力等，而其中以炉温为最重要的因素。

由于高温下反应，有相当多的热量随煤气以显热的形式存在。因此，煤气化的经济性必然与副产蒸汽相联系。

3. 煤气的冷却净化及三废处理

根据煤气最终用途不同，粗煤气可有三种不同的冷却方法。

（1）直接淬冷法。多见于生产合成氨原料气或氢气等生产流程。

高温煤气和液态熔渣一起，通过炉子底部的急冷室，与水直接接触而冷却；或在气化室下部用水喷淋冷却。在粗煤气冷却的同时，产生大量高压蒸汽，混合在粗煤气中一起离开气化炉。

（2）间接冷却法。即采用废热锅炉的间接冷却法。多见于生产工业燃料气、联合循环发电用燃气、合成用原料气等。

在气化炉下部直接安装辐射式冷却器（废热锅炉）。粗煤气将热传给水冷壁管而被冷却至700℃左右。熔渣粒固化、分离，落入下面的淬冷水池，后经闭锁渣斗排出。辐射式冷却器的水冷壁管内产生高压蒸汽，做动力和加热用。离开辐射冷却器的煤气导入对流冷却器（水管锅炉）进一步冷却至300℃左右，同时回收显热和生产蒸汽。

（3）间接冷却和直接淬冷相结合的方法。热粗煤气先在辐射式冷却器中冷却至700℃左右，使熔渣固化，与煤气分离，同时产生高压蒸汽。然后，粗煤气用水喷淋淬冷至200℃左右。

经回收废热的粗煤气，需进一步冷却和脱除其中的细灰，可通过煤气洗涤器或文丘里喷嘴等加以洗涤冷却。

煤气中不含焦油，故不需设置脱焦油装置。

废水中含有极少量的酚、割化氢和氨，只需常规处理即可排放。

固体排放物（固体熔渣）不会造成对环境的污染，并可用作建筑材料。

（三）德士古气化工艺条件及气化指标

影响德士古炉操作和气化的主要工艺指标有：水煤浆浓度、粉煤粒度、氧煤比及气化炉操作压力等。

1. 水煤浆浓度

水煤浆浓度对气化的影响为：随着水煤浆浓度的提高，煤气中的有效成分增加，气化效率提高。

为了维持正常的气化生产，煤浆的可泵送性和稳定性等也很重要。故研究水煤浆的成浆特性和制备工艺，寻求提高水煤浆质量的途径十分必要。

选择合适的煤种（活性好、灰分和灰熔点都较低），调配最佳粒度和粒度分布是制备具有良好流动性和较为稳定的高浓度水煤浆的关键。适宜的添加剂也能改变煤浆的流变特性，且煤粉的粒度越细，添加剂的影响越明显。

一般来说，褐煤的内在水分含量较高，其内孔表面大，吸水能力强，在成浆时，煤粒上能吸附的水量多。因而，在水煤浆浓度相同的条件下，自由流动的水相对减少，以致流动性较差；若使其具有相同的流动性，则煤浆浓度必然下降。故褐煤在目前尚不宜作为水煤浆的原料。

2. 粉煤粒度

粉煤的粒度对碳的转化率有很大的影响。因为煤粒在炉内的停留时间及气固反应的接触面积与颗粒大小的关系非常密切，较大的颗粒离开喷嘴后，在反应区中的停留时间比小颗粒短；另一方面比表面积又与颗粒大小呈反比，这双重影响的结果必然使小颗粒转化率高于大颗粒。

煤粉越细虽有利于转化率，但当煤粉中细粉含量过高时，水煤浆表现为黏度上升，不利于配制高浓度的水煤浆。故对反应性较好的煤种，可适当放宽煤粉的细度。

3. 氧煤比

氧煤比是气流床气化的重要指标。当其他条件不变时，气化炉温度主要取决于氧煤比。提高氧煤比可使碳的转化率明显上升。

但是，当氧气用量过大时，部分碳将完全燃烧，生成二氧化碳，或不完全燃烧而生成的一氧化碳，又进一步氧化成二氧化碳，从而使煤气中的有效成分减少，气化效率下降。并且随氧煤比的增加，氧耗明显上升，煤耗下降，故操作过程中应确定合适的氧煤比。

4.气化压力

气流床气化压力的增加，不仅增加了反应物浓度，加快了反应速率；同时延长了反应物在炉内的停留时间，使碳的转化率提高。气化压力的提高，既可提高气化炉单位容积的生产能力，又可节省压缩煤气的动力。故德士古工艺的最高气化压力可达 8.0 MPa，一般根据煤气的最终用途，选择适宜的气化压力。

（四）德士古气化法评价

德士古气化炉的特点是单炉生产能力大，能使用除褐煤以外的各种灰渣的黏度 – 温度特性合适的粉煤为原料，故使用的煤种较宽。本法所制得的煤气中甲烷及烃类含量极低，最适宜用作合成气。由于德士古气化法系在加压下操作，它可配合不同的合成工艺，进行等压操作。工艺过程中所产生的三废少且易于处理，并可考虑使用排出的废水制备水煤浆。为防止水中可溶性盐类的积累，可适当排出少量废水，按常规的方法处理即可。因此，德士古气化法的主要优点为：①采用水煤浆，进料方便、稳定。采用湿法进料可连续供料，保证操作稳定，同时解决了干法磨碎、煤的进料及加压下煤锁进料等问题，取消了气化之前的干燥，因此减少了相应消耗的能量及安全技术所增加的费用。②煤种适应性广。德士古气化法可气化除褐煤以外的各种灰渣的黏度 – 温度特性合适的煤粉，还可气化石油渣和煤液化残渣等。③单炉生产能力大。在加压条件下气化，单炉生产能力大。④气化炉结构简单，炉顶无机械传动装置，也无结构件。⑤负荷适应性广。在 50% 的负荷下仍能正常工作。⑥环境污染极少。德士古气化法制的煤气洁净，不含焦油、酚等污染物，甲烷及烃类含量极少，因此煤气净化系统简单，废水排放量也很少，固体排放物灰渣不会对环境造成污染，并可用作建筑材料。⑦碳转化率高。德士古气化法在高温、高压下进行反应，气化效率高，碳转化率高达 98% ~ 99% 以上。⑧工厂设计紧凑，占地面积小。

当然，德士古气化法虽也存在一些缺点，其主要缺点为：①耗氧量较高，冷煤气热效率低。②煤的粉碎部分投资大，且能耗高。③气化炉的耐火材料衬里与喷嘴容易磨损，气化炉和煤气冷却系统的维修费用较高。

德士古气化法虽然也存在一些缺点，但其优点是显著的，而且与其他许多有希望且优点突出的气化技术相比较，它最先实现了工业化规模生产，已为许多国家所采用。在中国，山东鲁南化肥厂、上海焦化厂、渭河煤化工集团和安徽淮南化工厂都已引进该煤气化工艺，并都已投入生产。所以，德士古气化法是煤气化领域中一个成功的范例。

五、道尔（DOW）气化法

道尔气化法是由美国道尔化学公司开发的。它是在德士古煤气化工艺基础上发展的二段式煤气化工艺。它具有生产能力大、氧耗低及产率高等优点，现已经过较长时间的工业化运行，是很有前景的新一代煤气化技术。

（一）气化炉

气化炉由两段组合而成，第一段为一内砌耐熔渣高温砖的卧式圆筒压力容器，容器两端（即炉头）相对地装有气化剂和煤浆喷嘴。容器中央的上部有一个出口孔，煤气经此孔进入第二段。第二段为直立圆筒的压力容器，内衬耐火材料。其炉体中心线与第一段的中心相交（即上、下两段垂直相交）。在第二段的下部设有另一个煤浆进料喷嘴，由此将煤浆均匀地分布到从第一段上升的热煤气中。二段煤浆的喷入量为总量的 10% ~ 15%，二段喷入的煤浆是利用一段煤气的显热进行气化反应的。煤气在第二段中停留时间较长，这有利于碳的完全转化和焦油的裂解，从而得到洁净的煤气，还可把出口煤气温度降至 1 038 ℃左右。

（二）工艺流程

煤和水在棒磨机内混合并进行研磨制成煤浆。煤浆加压后伴随着氧气通过气化炉的喷嘴送到气化炉内进行加压气化。气化炉一段产生的熔渣被水激冷后经破碎机破碎，然后通过降压装置进入常压脱水装置。

气化炉出来的粗煤气首先进入高温旋风分离器脱除半焦和灰尘，从旋风分离器出来的热煤气经冷却后送到文丘里洗涤器除去残留的颗粒物。系统中的水重复使用，固体颗粒连续排放并循环回收一段进料煤浆。经冷却和除尘后的煤气进入脱硫系统，用 MDEA（N–甲基二乙醇胺）脱除 H_2S 和 CO_2。

（三）主要特点

1.采用二段煤气化技术，既回收了气流床高温煤气的显热，又使其温度下降到液渣固化温度。

2. 生产的煤气可用作联合循环发电燃料气，比传统的燃烧－蒸汽循环发电优越。煤气也可做合成气合成氨等，日本三菱公司预测此法的煤耗动力消耗低于德士古法。

3. 单炉生产能力大。在商业化运行的装置中，道尔两段气化炉的单炉生产能力是至今煤气化炉中较大的。

4. 生产的煤气较为清洁。

道尔法在设计时认为可使用各种煤，但在商业化试验中使用煤种较少，有待使用更多煤种进行验证试验。

第五节 煤气化联合循环发电技术

煤气化联合循环发电（Integrated Coal Gasification Combined Cycle，简称 IGCC）是指煤经过气化产生可燃气体，燃烧后先驱动燃气轮机发电，然后利用高温烟气余热在废热锅炉内产生高压过热蒸汽驱动蒸汽轮机发电。与常规燃煤发电技术相比，IGCC 不仅可以明显提高整个发电系统的效率，有利于节省能源，而且能够极大减少发电污染物的排放，有利于环境保护。因此 JGCC 作为一种非常有效而洁净的煤发电技术，已经受到世界各国的高度重视。

一、IGCC 的工艺流程

典型 IGCC 的工艺过程，主要有煤料准备、空分制氧、煤的气化、煤气净化、燃气轮机发电、余热锅炉及蒸汽轮机发电等子系统组成。

煤料经过适当准备后送入气化炉。气化过程所需的氧气来自空分制氧装置，工艺蒸汽来自气化炉及后面的余热锅炉产生的少部分蒸汽。煤气出气化炉经过除尘、脱硫及脱除碱金属等一系列净化处理后进入燃烧室。燃烧产生的高温、高压烟气先驱动燃气轮机发电，然后进入余热锅炉产生高压过热蒸汽，用于驱动蒸汽轮机发电。

二、IGCC 系统中的关键技术

IGCC 是由一系列单项技术组成的技术体系，因而整个系统供电效率不仅取决于每个单项技术本身的不断完善，也取决于各单项技术相互间的优化组合。IGCC 系统中的关键技术主要有煤气化技术、燃气轮机技术、余热回收技术和煤气净化技术等。

（一）煤气化技术

由于煤气化技术是 IGCC 系统中的源头技术，而且也是对 IGCC 系统的供电效率影响最为显著的环节，因此，根据所用原料煤种的性质选用合适的煤气化技术对提高 IGCC 系统的效率是非常重要的。研究表明，在其他因素不变的情况下，煤气化效率提高 1%，IGCC 系统效率可提高 0.5%，该系统对煤气化技术有如下要求：

1. 技术先进、成熟、可靠性好。

2. 设备结构简单，运行周期长。

3. 原料煤适应性广，且还可使用非煤备用燃料。

4. 生产能力大，适合在高温高压下操作。从经济性方面考虑，煤气化设备的生产能力应与单套联合循环机组的容量相匹配，但仅靠加大设备尺寸来提高煤气化生产能力是行不通的，因为受设备制造、运输及安装等因素的限制，气化炉外径不宜大于 5 m（内径 4 m），需通过在一定限度内提高气化温度和压力等手段来强化煤气化生产过程，从而提高气化炉生产力。

5. 负荷调节灵活，可变范围宽，跟踪能力强。

6. 加煤系统安全、可靠，易控制、调节。

7. 气化剂可用纯氧、富氧或纯空气，反应性低的煤多以氧气为气化剂，以提高碳转化率；而采用空气做气化剂，可简化 IGCC 系统的工艺流程，并相应降低工程投资费用。研究表明，在相同发电规模时，用空气做气化剂可获得较高的发电效率。

8. 有较高的碳转化率和气化效率，气化效率则是提高 IGCC 系统效率的最重要影响因素，至少应在 80% 以上。

9. 污染物排放量小，环境特性好。

10. 工程投资少，发电成本低。

目前，IGCC 系统用的主要是第二代煤气化技术，其共同特点是加压操作，这些气化技术除少数已实现商业化外，大部分仍处于商业化示范阶段。

（二）燃气轮机技术

燃气轮机与蒸汽轮机是 IGCC 系统中将煤中能量转化为电能的实质性环节。相比之下，燃气轮机子系统不仅比蒸汽轮机子系统的发电量大，而且提高发电效率的潜力也大。燃气轮机技术的发展将主要朝着以下 3 个方向进行：

1. 提高燃气轮机进口烟气温度，以较大幅度提高 IGCC 系统效率。

2. 改善煤气燃烧器，以降低 NO 工的生成。

3. 直接从其压气机中抽出压缩空气，以降低 IGCC 电厂的自用电率。

（三）余热回收技术

在 IGCC 系统的总发电量中，燃气轮机系统的发电量约占 40%，而蒸汽轮机所用的蒸气绝大多数产自于余热回收装置。因此，余热回收技术是一个非常值得重视的环节，需要用较好的材质和合理的结构形式，保证较高的余热回收效率、较好的可靠性和较长的使用寿命，同时有尽可能小的体积和尽可能低的投资费用。

（四）煤气净化技术

煤气净化技术是指脱出煤气中的颗粒物、SO_2、NO_x 及碱金属等杂质或有害物质，其目的是保护燃气轮机的叶片及满足环保要求，是使 IGCC 成为最洁净的煤发电技术的关键环节。为了减少煤气显热的浪费，要求煤气净化过程在较高的温度下进行，目前公认为适宜的高温煤气净化温度为 560 ~ 650℃左右。根据测算，采用高温煤气净化工艺的 IGCC 系统，供电效率可提高 2%，工程投资可降低 20%。

三、IGCC 技术的优缺点

与常规燃煤发电技术相比，IGCC 技术主要有以下优点：

①具有提高电厂供电效率的最大潜力。这对于要大幅度地提高煤发电效率的我国来说，具有非常重要的意义。而且它在提高供电效率的同时，可以节省煤炭资源，并极大地减少 CO_2 的排放。

②单机容量已能做到 300 ~ 400 MW，有利于实现规模经济。

③基本技术已趋于成熟，能够保证 IGCC 煤发电系统运行的可靠性。目前 .IGCC 系统已基本具备转入商业化运行的条件。如美国 LGTI 的 IGCC 示

范工程已运行 20 年以上，近年来系统运行可用率已提高到 80% 左右，这已能满足商业化运行的要求。

④可以较彻底地解决煤发电过程中的污染问题，特别适宜于使用硫含量大于 3% 的高硫煤。IGCC 电厂和带烟气脱硫的常规粉煤锅炉电站（PC/FGD）、循环流化床锅炉电站（CFBC）、加压流化床锅炉电站（PFBC）、磁流体发电（MHD）及燃料电池（MCFC/SOFC）等。

⑤耗水量较少，一般只有 PC/FGD 电站耗水量的 50%～70%。

⑥煤发电后产生的废物处理量最小。煤气脱硫后产生的元素硫或硫酸等可作为副产品出售，从而有利于降低 IGCC 系统的发电成本。灰渣及其中所含的各种微量元素熔融冷却后形成玻璃状的渣粒，不仅对环境无害，而且可以用作建筑材料或水泥工业的原料。

⑦煤气化所产生的煤气除可以发电以外，还能生产化肥、甲醇及液体燃料等化学品，有利于实现煤炭资源的合理与综合利用，降低生产成本，提高经济效益。

⑧有利于促进我国相关工业的发展，如空分制氧、煤气化、煤气净化、燃气轮机、高温高压换热器及蒸汽轮机制造业等。

目前，IGCC 技术存在的主要问题是建厂的比投资费用尚较高，在一定程度上制约着 IGCC 技术的商业化应用进程。

四、煤气化湿空气透平循环发电（IGHAr）技术

它与 IGCC 系统主要区别在于以一个单轴燃气轮机取代 IGCC 系统中的燃气轮机和蒸汽轮机联合子系统，由蒸汽和燃气工质通过单一燃气轮机输出全部有用功，其供电效率有望达到 60%。这是目前热力循环系统输出功所能达到的最高效率，它将成为 21 世纪的新型煤发电技术。

煤气化过程产生的煤气，经过冷却、除尘及脱硫等净化处理后供湿蒸气透平（HAT）燃烧室作为燃料。从省煤器、空压机中间冷却器、后置冷却器以及煤气化过程中回收的低品位热量都用来加热补给水。被加热到 200℃左右的补给水被送至混合饱和器顶部，从空压机来的高压空气被送至混合饱和器的底部。这样，空气与补给水在混合饱和器内逆流接触，空气被加热和加湿，而补给水被冷却和部分蒸发，湿空气中含有 20%～40% 的水蒸气。

这部分水蒸气不仅直接减少了空压机所需压缩的空气量，而且能够维持适中的燃气透平的燃烧温度。从混合饱和器出来的湿空气被燃气透平的排气所预热，从而使排气中的高品位热能循环回到燃气透平去做功。而在 IGCC 系统中，这些高品位的热能有相当一部分作为潜热消耗在水的气化上，未能转化为电力。

该系统采用水淬冷的煤气冷却方式，省去了 IGCC 系统采用的昂贵的余热锅炉，也取消了后置的蒸汽循环发电子系统，预计 IGHAT 的比投资费用要比 IGCC 低 300 美元 /kW 左右。IGHAT 排放的污染物也很少，又有大量水蒸气进入燃烧器，预期其产生的 NO，低于 IGCC 系统。另外，由于在煤气化子系统及发电设备两方面的简化，使得 IGHAT 技术的运行可靠性提高，运行维修费可降低 15%。

参考文献

[1] 郝海刚，张军.现代煤化工技术[M].北京：高等教育出版社，2022.01.

[2] 吴懿波.煤化工技术的理论与实践应用研究[M].长春：吉林科学技术出版社，2022.04.

[3] 腾晓旭.化工工艺学[M].北京：化学工业出版社，2022.10.

[4] 朱银惠，王中慧.煤化学第2版[M].北京：化学工业出版社，2022.01.

[5] 岳光溪，顾大钊.煤炭清洁技术发展战略研究[M].北京：机械工业出版社，2021.01.

[6] 申峻.煤化工工艺学[M].北京：化学工业出版社，2020.08.

[7] 解维伟.煤化学与煤质分析第2版[M].北京：冶金工业出版社，2020.10.

[8] 张延斌，赵龙生，郝孟忠.现代煤化工技术及废水处理工程实践[M].北京：化学工业出版社，2020.02.

[9] 刘永军，刘喆等.煤化工废水无害化处理技术研究与应用[M].北京：化学工业出版社，2020.05.

[10] 邱泽刚，李志勤.煤焦油加氢技术[M].北京：化学工业出版社，2020.11.

[11] 曹文梅，康运华.煤化工工艺学[M].上海交通大学出版社，2019.

[12] 张双全，吴国光.煤化学[M].徐州：中国矿业大学出版社，2019.01.

[13] 乌效鸣.煤与煤层气钻井工艺[M].武汉：中国地质大学出版社，

2019.03.

[14] 赵建军，刘沐鑫，宋任远．煤化学化工实验指导 [M].合肥：中国科学技术大学出版社，2018.01.

[15] 徐中山．影响煤炭筛分试验的因素及煤炭质量检测方法 [J].内蒙古煤炭经济，2022，（第 16 期）：46-48.

[16] 张铎．煤矿设备安全性能检测方法分析 [J].矿业装备，2022，（第 2 期）：20-21.

[17] 马克富．煤炭检测仪器设备研究现状及发展趋势 [J].煤质技术，2021，（第 2 期）：73-80.

[18] 张海振．浅析煤炭检测的质量控制 [J].商品与质量，2021，（第 37 期）：264-265.

[19] 詹春梅．煤炭检测实验室内部质量控制方法探析 [J].市场周刊（理论版），2020，（第 79 期）：159.

[20] 申健，翟嘉琪，覃涛，李冠龙．煤炭元素分析仪性能试验研究 [J].煤炭加工与综合利用，2019，（第 1 期）：69-71.

[21] 张苗．关于如何提高煤炭检测准确性的研究 [J].中国科技投资，2019，（第 33 期）：131.

[22] 张波．浅谈煤矿在用设备安全性能检测检验工作 [J].中国石油和化工标准与质量，2019，（第 11 期）：54-55.

[23] 郭超群．煤矿在用瓦斯泵性能参数检测和分析 [J].化工管理，2019，（第 3 期）：114-115.

[24] 裴晓芳．浅谈煤矿设备润滑油的使用及检测 [J].中文信息，2018，（第 2 期）：244.

[25] 庄来田．连续采煤机故障检测技术研究 [J].工程技术（全文版），2018，（第 12 期）：189-190.

[26] 焦礁．煤炭企业绿色低碳发展战略选择研究 [M].北京：经济管理出版社，2022.04.

[27] 路学忠．煤炭井工开采技术研究 [M].银川：宁夏人民出版社，2019.04.

[28] 徐宏祥 . 煤炭开采与洁净利用 [M]. 北京：冶金工业出版社，2020.05.

[29] 王宇魁 . 中国煤炭市场发展报告 [M]. 太原：山西经济出版社，2019.05.

[30] 刘文秋，李海军 . 煤炭加工技术与清洁利用创新研究 [M]. 天津：天津科学技术出版社，2019.02.